猴面包树

The Keys to Kindness

Claudia Hammond

How to Be Kinder to Yourself, Others and the World

善意的魔力

［英］克劳迪娅·哈蒙德 著

李泽涓　李玉平　译

To

Fiona
who is always kind

致

永远那么善良的
菲奥娜

目录

序 /008

第1章 这世界远比你想象的善良 /024

第2章 行善会让人感到幸福，这很正常 /056

第3章 切莫过于纠结动机 /082

第4章 社交媒体充满善意（即便称不上鸟语花香，但也并非臭不可闻）/104

第5章 善良的人会成为人生赢家 /116

第6章 理解他人的观点也是一种善良 /142

第7章 任何人都能成为英雄 /186

第8章 记得善待自己 /212

第9章 善良的诀窍 /232

致谢 /244

参考书目 /248

CONTENTS

Introduction / 008

1. There is more kindness in the world than you might think / 024
2. Being kind makes you feel good and that's OK / 056
3. Don't get too hung up on motives / 082
4. Social media is full of kindness (OK, not full, but it is there) / 104
5. Kind people can be winners / 116
6. Kindness comes from seeing other people's points of view / 142
7. Anyone can be a hero / 186
8. Remember to be kind to yourself / 212
9. A prescription for kindness / 232

Acknowledgements / 244
Bibliography / 248

Introduction

序

我过去的住所离伦敦艾比路不远。有时，我会开车经过这条路，当接近某个斑马线路口时，我总是万分警惕。这个路口就在艾比路录音室外面，这个录音室很有名气，披头士乐队就在这里录制了许多脍炙人口的专辑，当然也包括1969年录制的《艾比路》(Abbey Road)。为什么驶近这个路口时需要警惕呢？因为在这个路口，总有一群游客模仿披头士那张专辑封面合影留念——他们重现乐队成员约翰、林戈、保罗和乔治一起过马路的场景，其中一人赤脚，所有人都对周围的交通情况漠不关心，而一旁则有他们的朋友或路人帮忙拍照，以此向披头士乐队致敬。

披头士乐队无疑是有史以来名气最为响亮的乐队之一，曾受到数百万人的追捧和喜爱。伫立在斑马线附近路口中央的大纪念碑，其实并不是为了纪念他们的成就而建造的。这座纪念碑约18英尺[①]高，由灰色大石块组成。其中一个柱基上立着一座缪斯女神弹奏竖琴的青铜雕塑，另一个柱基上有一个铜制圆盘，上面绘有一张五官突出、蓄有胡须的高贵男子的面孔。纪念碑两侧还有两根大的灯杆。如此宏伟的纪念碑，是要纪念谁呢？当时为什么要建造这座纪念碑呢？

其实，它是为了纪念维多利亚时代的一位雕塑家——爱德华·翁斯洛·福特。这便是第一个问题的答案。不过，我一直认为建造这座纪念碑的原因更令人感动：之所

---

① 1英尺约0.30米。——编者注

以用如此宏伟醒目的纪念碑纪念翁斯洛·福特，是因为他有着独特的人格魅力，深受学生和朋友的爱戴。翁斯洛·福特于1901年辞世后，众人筹集大量资金建造了这座纪念碑。他们还给翁斯洛·福特的遗孀写了一封吊唁信，信中高度赞扬了翁斯洛·福特的善良品质，该信现在由亨利·摩尔基金会保管。纪念碑上的铭文也写道："本纪念碑由爱德华·翁斯洛·福特的朋友和崇拜者筹资建造，倡导众人忠于自我。"

在我看来，翁斯洛·福特似乎真的做到了忠于自我，而我们也可以从翁斯洛·福特的故事中得到启发。首先，他的故事告诉我们，人们确实在一定程度上很重视善良，甚至愿意树碑来颂扬这一品质。同时，他的故事也说明人们可能还不够重视善良。与披头士乐队相比，翁斯洛·福特对我们文化的持久影响根本微不足道，虽然建有他的纪念碑，但他很快会被大多数人遗忘，而披头士乐队无疑将在未来几十年（甚至几个世纪）里都会被人铭记，他们的才华和成就得到了应有的尊重。我并不认为，善良的禀性比才华和成就更有价值，但在我看来，我们应像翁斯洛·福特的朋友一样，更加关注和重视善良这种谦逊的美德。

为此，《善意的魔力》一书主张更珍视善良，同时更深刻地强调善良的重要性。我们其实比自己想象的善良，但我们还可以精益求精——这对个人心理健康、幸福，以及社会、经济和环境发展都有巨大裨益。我将立足于全球最新的心理学研究，着眼于一项新的独特研究，证明善良不仅有助于他人，也有益于我们自己。

不过，做一个善良的人并非易事。目前主流世界观总是要求我们严格待人待己。中小学、大学和职场在某些方面倒是显得比以往更加亲切友好。例如，可以向别人扔打字机的时光已经一去不返了(当我还是一名广播新闻编辑部的新人时，老员工和我说了许多逸闻)，孩子们因记不住乘法口诀表而被鞭打的日子也早已过去。但就整个社会而言，人们仍然高度重视个人成就和个人成功，不惜为此牺牲他人，有时甚至因此变得冷酷无情。这种价值观仍在影响我们，使我们认为善良是软弱的同义词，而软弱则意味着失败。我将对这种观念发起挑战。大量证据证明，怀有同情之心、同舟共济能让我们获益良多；善良和同理心绝不是成功路上的绊脚石，而是有助于我们取得成功。不仅如此，善良的人越多，世界也会越和谐。

我也会在本书中研究一个很难回答的问题，即如何定义善良。

例如，我想了解，以下哪些陈述与各位读者的内心想法相符呢？

- 我认为每个人都应获得一次机会；
- 我认为原谅他人并不难；
- 我愿意分享只属于自己的东西；
- 我曾因为行善而让其他人感到惊讶；
- 我喜欢对陌生人微笑；
- 为了帮助朋友，我曾做过令自己不安的事情。

即使你不认同这些说法或做法，也不用担心。以上这些只是代表了不同程度的善良，你可能是一个比较宽容或富有同情心的人，但不太倾向于为了表现善良而刻意采取行动或避免不善良的行为。最有可能的是，你会在某些场合采取所有上述做法，但在其他场合却不会这么做。你可能是一个善良的人，但不会始终贯彻善良的准则，而是在不同的场合以不同的方式表现你的善良。

由此可见，善良并不简单，也并非仅仅涉及某个方面。善良是多方面的，很难定义，因此它常常遭到误解。有一次，我告诉一位先生，他的妻子是一位杰出的研究员（已逝），"尽管我只见过他的妻子几次，但可以看出她是一个非常善良的人"。我以为我是发自内心地称赞他的妻子，但他却觉得受到了冒犯，因为在他的心里，这种称赞相当空洞平淡，甚至是在轻视他妻子的职业成就。他的反应也情有可原，因为一直以来科学研究都是男性主导的领域，女性研究员的成果往往得不到重视，他为妻子打抱不平也无可厚非。即便如此，我仍然觉得惋惜——这说明在我们的文化中，善良这一品质没有得到充分的重视。我希望，在我们所生活的世界里，善良是对一个人的最高评价。

善良的七个关键

我将在本书中探讨善良的七个关键，有些可能显而易见，有些则不然。这七个关键同样重要，相互配合之下才能展示善良的全貌。只有掌握了它们，我们才能让世界变得更有温度。

第1章主要探讨一个经常被忽略的事实——世界上有许多善良的人。没错，这就是事实。只要睁大眼睛仔细观察，不被新闻和社交媒体上占据主导地位的负面情绪所误导，我们就会发现好人其实远多于恶人。第2章主要说明善良对施予者和接受者都有益处。事实上，这是一种"三赢"的局面，做一个善良的人对我们自己、对他人，以及对整个世界都有好处。在这一章和第3章中，我将说明行善之人将从他们的善良品质中获益——这并没有什么错，因为施与者获得的好处不会削弱他们的善举对他人的影响。接着，我会稍微换个话题，讨论当今时代的重要问题之一——社交媒体。在第4章中，我将主张，虽然推特、脸书和其他社交平台可能充满谩骂和仇恨，但这只是一方面——即使是在这些鱼龙混杂的平台上，善意和积极情绪也在不断蔓延。在第5章中，我将更深入地探讨"善良的人能否成为生活的赢家"这一问题。不过，我现在就可以先揭晓答案——善良的人肯定能成为生活的赢家。我会证明，善良不是退让，更不是懦弱，事实上，它隐含着强大的力量。

那么，我们如何让自己变得更善良呢？这是一个难题。善良的第六个关键在于，如果我们想成为善良的人，就得尽量理解别人的意见和观点，同时还应选择适当的时机表达善意。同理心也讲究时机和场合。第7章将论证，我们不必局限于那些日常的随性小善举，可以有更宏大的目标。大多数人可能永远没机会展现自己英勇无畏的一面，但每个人都具备成为英雄的能力，我们可以提前计划，在危险来临之际要如何拯救他人的生命。另外，对极度善良的思考也有助于我们在日常生活中成为更善良的人。第8章的内容比较特殊，不是强调善待他人，而是强调善待自己。我认为，自我关怀和自我同情并不是自私和自我放纵，只要采用正确的方式，就能显著提高自身的心理健康水平。我们需要善待自己，以适当的宽容心态看待自己的缺点，从而维护自身的心理健康，这样才能更好地帮助他人。

最后，我会对善良的诀窍进行总结，教大家如何将所有这些研究付诸实践，使自己成为更善良的人，同时为建立一个更善良的世界而努力。各位读者可以从本书中选择适合你们实际生活的建议，希望这本书可以促使各位读者思考如何成为一个更善良的人。

在本书中，我将引用学术杂志上发表的确凿证据和经过验证的策略。在过去20年里，经验丰富的科学家们一直在研究一个被心理学和神经科学领域忽视已久的课题——善良。我强调这一点，是因为关于善良的书很容易被视为缺乏严谨性的无病呻吟，但事实恰恰相反。

善良测试

在关于善良的研究领域中，萨塞克斯大学处于前沿领先地位，我与该校的研究人员合作进行了善良测试研究（Kindness Test），这是全球规模最大的善良课题研究。我会充分利用善良测试中的全新发现以充实本书内容。这项研究由罗宾·班纳吉教授主导，有时我会戏称他为"善良教授"。我在自己主持的BBC节目和播客栏目[英国广播公司第四台的《全是心理作用》(All in the Mind)和英国国际广播电台的《健康检查》(Health Check)]中公布了这项研究。

在善良测试中，我们邀请许多人完成一系列在线问卷，问卷内容涉及被调查者个性和心理健康的方方面面，包括他们在日常生活中表现出的善良程度，以及在得到一大笔意外之财后可能愿意捐献的比例。参与该问卷调查的多达6.0227万人，他们来自144个国家——人数如此之多，连我们自己都大感意外。通过对这个庞大数据集的分析，我们更加了解了善良在现实生活中的真正作用，了解了阻止人们变得更善良的因素。

一开始，善良测试会先简要说明善良可分为多种类型。当被要求列出行善方式时，参与者提供了大量实例。以下是参与者们列出的最常采用的五种行善方式：

最常采用的五种行善方式

1. 我帮助需要帮助的人
2. 我不介意为朋友提供帮助
3. 我常常主动为他人开门
4. 我帮助陌生人捡起他们掉落的东西

5. 我对不如自己幸运的人感到同情

这些举动十分常见，甚至称得上平凡。它们不属于舍己为人或自我牺牲的伟大壮举。事实上，"不介意为朋友提供帮助"能挤进这个榜单，似乎有点勉强。但这些小小的善举一直发生在我们周围，只是经常被忽视。如果将这些善举比作小水滴，那么水滴的汇聚就会形成海洋。研究表明，善举很常见，也很普遍，这也许并不令人惊讶，但仍然令人振奋。四分之三的被调查者表示，他们"经常"或"总是"收到来自亲密朋友或家人的善意；59%的被调查者在过去一天内收到过别人的善意，而四分之一的被调查者则表示在过去一小时内收到过。

我们还通过问卷调查要求被调查者填写善良程度评价量表。当然，我们必须相信被调查者会如实作答。收到的答案表明，被调查者愿意承认自己不是特别善良，甚至承认自己不善良，所以我认为我们可以相信他们给出的答案，也可以相信这种评分系统的可靠性。

调查结果很有趣，特别是在给善良得分高于平均水平的人分类的时候。妇女和宗教信仰者的善举比其他普通人的略微多一些。性格不同，善良程度也会存在很大差异。性格外向、合群、愿意欣然接受新鲜事物的人通常会散发更多善意，同时也会得到更多善意。价值体系也是一个重要因素，甚至比宗教更重要。仁爱主义和普世主义倡导者通常比追名逐利、渴望权力者更善良。即使你是一个野心勃勃、内敛易怒的不可知论者,也不用担心,因为这并不意味着你一定会在善良测试中得低分。这些发现反映的是一个大群体中的普遍情况,所以一个脾气暴躁、性格内向、努力追求成功的无神论者完全有可能在"善良测试"中获得高分。(也许你身边就有一些人是这样的?)不过,平均分仍然能提供一些重要信息,即这个水平以上的群体很可能是善良的人。

此外,我们还在善良测试中要求被测试者列出一些可以让他们联想到善良的词语。出现频率最高的五个与善良相关的词语为:

1. 同理心
2. 关怀
3. 帮助
4. 体贴
5. 怜悯

当然,这些与善良相关的词语并不让人感到十分意外,基本符合业内研究人员给出的善良的定义。不过,学术界对善良的定义仍有很大争议。没错,即使是研究善良的人也会争执不休,特别是在涉及什么是纯粹的善良时,研究者们往往各执一词。

善良测试的结果在这方面也有一定的说服力,因为在善良测试中,我能相信被测试者给出的答案。当然,勇敢对他人说出一些逆耳忠言也是一种大善举,因为从长远来看，这些言论对他人的未来发展大有裨益。当然，有些善良需要自我牺牲，甚至会带来痛苦。有些人一直以来都奉行利他主义，例如有人会向陌生人捐赠肾脏；有些人的英雄行为源于一时情急之下的冲动决定，例如甘冒巨大的个人风险挽救他人性命。与此同时，测试中记录的日常行为——为他人泡茶、准备热水澡、给予他人赞美、寄出感谢卡、在商店里对顾客微笑、将捡到的门票物归原主等，这些通常被视为善举，也应得到同等赞赏。

实际上，不同类型的善举有很多相似之处。善举可以出于英雄主义、感激之情、同情心、爱、关怀和怜悯，或这些情感的任意组合。无论在什么情况下，善待陌生人虽然说是某种程度上的自我牺牲，但能让施与者感到快乐。善良可以是只在行善机会出现时抓住机会，也可以是主动寻找每一个可以向他人行善的机会，例如参加志愿者服务。有时，从对方角度看待问题，设身处地地理解对方的行为也是一种善良，但如果对方的行为冒犯到了其他人，就需要适当的外界干预和提醒。有时，残忍也是一种善良，当然我们也可以用更温和的方式表现善良。俗话说，过度善良终将害人害己，所以做人不能太过善良。善良并不等于纵容所有行为或一味容忍退让。

在本书中，我认为善良是一种为了让他人受益而做出某种行为的品质。请注意这种目的性，因为我相信所有人都曾遇到过原本出于善意但结果却事与愿违的情况。

善良测试除了询问被测试者曾给予他人的善举，还询问他们目睹过的善举以及这些善举发生的地点。

善举发生的五大常见地点
1. 家中
2. 医疗环境中
3. 职场上
4. 绿色空间内
5. 商铺内

在调查中,被测试者描述了他们最不可能在网上看到善举,这可能并不令人意外,因为许多社交媒体都充斥着愤怒和仇恨(但也不乏善意和鼓励——详见第4章)。令我好奇的是,为什么被测试者很少在公共交通工具和街道上看到善意之举,尤其是在火车和公共汽车上?一直以来,我坚持通过写日记的方式记录那些我在公共场所观察到的行善瞬间。我曾多次目睹路人帮忙将婴儿车抬上台阶、车上的乘客为老年人让座,以及路人捡到物品后物归原主的情形。(除了通过"善良测试"获得更多发现,我还会在本书中展示我在"善举日记"中记录的部分内容,同时也鼓励大家以写日记的方式记录善举。)

在善良测试研究中,被测试者还需要回忆最近一次别人施与他们的善举,以及他们自身所行的善举,我们将这些用电子表格收集在了一起。电子表格是冷冰冰的,但表中记录的那些善举小故事温暖了我。在浏览数千个小故事时,我总是莫名其妙地开始流泪,每个故事都描述了善意施与者和接受者双方之间的暖心时刻。研究证据表明，当暖心帮助他人时，我们会感受到一种温情效应——大脑扫描技术也能捕捉到这一变化。我只是读到了许多关于善举的故事，从中也感受到了温情效应，因此我在各章之前摘录了一些精选的暖心语句，希望各位读者也能和我有类似的体验。

既要给予善意，也要接受善意

在本书序言的结尾，我想谈一谈善良研究领域有时会忽视的一个问题。善举对接受者的益处似乎显而易见，因此相比于善举对施与者的益处，前者的研究经费较难筹集，投入的研究时间更是远远少于后者。但我们有这样的亲身经历，即接受善意会让我们感到被关心、被珍视、被倾听、被重视，最重要的是可以建立人与人之间的亲密网。这种人际联系对我们的身心健康有巨大影响。心理学研究表明，善良和同理心可以改变我们在孩童时期的成长轨迹、贯穿一生的人际关系以及我们应对困境的方式。[1]善良确实对我们有正面影响。以下是一些示例：

- 不管是成人还是儿童，如果他们的伴侣或父母能够从他们的角度看待问题，那么他们会觉得这种人际关系更舒适。

- 同样，善待伴侣的人可能在未来岁月里建立更亲密、更信任的关系。

● 有同理心的人对伴侣行为不满时，他们不会过分忧虑，而且更有可能原谅伴侣。

● 当学校要求学生给教师打分时，学生们通常更注重教师关怀体贴学生的程度，而不是专业能力。

● 如果患癌症儿童的父母能够设身处地从大人的角度考虑问题，他们的主观痛苦就会大大减少。[2]

还有一点，虽然显而易见，但还是需要单独列出——我们都渴望得到别人的善待。

两名新闻工作者的故事

20多年前，两位著名的新闻工作者大约在同一时间举办了各自的退休欢送会。其中一人在伦敦的一家俱乐部举办豪华派对，美酒美食应有尽有，而且所有费用均由雇主承担。参加派对的有数百人，包括许多有头有脸的大人物。派对上的致辞高度赞扬了这名新闻工作者的突出成就，但觥筹交错间，许多客人却在相互抱怨与这名新闻工作者一起工作是多么糟糕的体验。

相比之下，另一名新闻工作者在一个十分寒酸的酒吧里举办了他的退休派对，客人们自己承担自助餐的费用。虽然没有大人物到场，尽管派对时间选在星期六晚上，但一些二十几岁的年轻人以及许多接待员和清洁工都兴高采烈地出席了这位六十岁出头的老人举办的派对。虽然这名新闻工作者的专业成就很突出，但大家整晚谈论的不是他的专业成就，而是他是一个名副其实的好人。

我知道自己退休时想要哪种欢送会，也希望各位读者在阅读本书后，会希望自己被人铭记的首先是善良的品质。善良的人将会过上更快乐、更充实的生活，也会更慷慨地帮助他人。另外，目前没有任何证据表明这种品质会阻碍你实现其他目标。你可以成为一名顶级新闻工作者，或者著名的摇滚明星，同时也能与人为善。善良的品质不会阻碍你前进，反而会给你带来自由。

在舆论两极分化的时代，"善待他人"这种词条有时在社交媒体上可能成为攻击他人的武器，更何况全球正在面临武装冲突、难民危机、气候变化等严重威胁，所以人类迫切需要在全球、区域和社会层面上加强合作。随着焦虑、压力和抑郁的人越来越多，在个人层面上，我们也需要更加强调同情和关怀的重要性。但无论是同情还是关怀，我们都需要认识、理解并重视善良品质。善良可以帮助我们建立良好的人际关系。我们不能将善良视为生活中的偶发之举，它是人类本性的一个基本组成部分。因此，我希望通过这本书揭开善良的奥秘，找到能够让我们更加善待他人、善待世界和善待自己的方法。

最近一次他人施与的善举
善良测试

- 我的朋友在脸书（Facebook）上给我贴了标签——形容我是纯净的阳光，这让我十分高兴。
- 我带着宠物狗去参加锦标赛，当时风大，我的眺台很难搭起来，但很快便有三个女孩跑来帮助我。
- 参加侄女的婚礼前，已成年的女儿给我垂垂老矣的脚指甲涂上了指甲油。
- 我的丈夫清理了小狗崽在地板上撒尿留下的污物，尽管我们此前约定这项工作由我来做。
- 我无法与朋友们一起前往康沃尔郡度假一周，他们回来时给我带回了一个当地的礼品袋。他们真是太贴心了。
- 我的女朋友吻了我，尽管我长得很丑。
- 我的鸟食台摔成了碎片，朋友悄悄用回收的旧木加工了一个新的，涂漆后送给了我。
- 朋友耐心地听我详细描述烦心事，并给予建议和支持。
- 有人为我打开了一扇门，方便我可以快速通过。

I

There is more kindness
in the world than you might think

第1章

这世界
远比你想象的善良

几年前，我的一个朋友不慎被她儿子随意扔在路上的滑板车绊倒，因为严重划伤而痛得哇哇大叫。后来，她不得不去医院缝针。当时有一个过路的好心人赶忙上前帮她，但她的儿子完全没有注意到这些。他显然对她的痛苦不屑一顾，而且一直在闹脾气。

这类故事总会让我们觉得学步期儿童是自私的小怪物，全然不顾我们有多么爱他们。很多时候，他们似乎只关心自己，完全不在意其他人的感受。另外，确实有一些证据表明，人类在幼儿时期最具攻击性和暴力倾向，但这种性格特点很快会随着年龄的增长而改变，在青少年时期会平和许多。[1] 其实，学步期儿童无视他人痛苦，甚至给别人制造痛苦，都是有原因的。大量心理学研究表明，学步期儿童很难体会他人的感受，即使这个人是其母亲，因为他们的大脑尚未完全发育，认知能力也有限。他们如此以自我为中心，其实并不是他们的错。我们也不应该认为学步期儿童完全没有与人为善的能力。

两岁孩童[①]也不是那么可怕

我们都见识过两岁孩童拒绝分享玩具的场景，他们通常会把自己的玩具紧紧护在胸前，坚决不让其他孩子碰。可孩童需要一段时间才能学会"乐于分享"，毕竟就算是成年人，也

---

① 幼儿在两岁左右会有一个反抗期，对父母的一切要求都说"不"，经常任性、哭闹、难以调教。英语中有一个词来形容这个阶段，叫作"the terrible twos"，即"可怕的两岁"。——译者注

并非人人都拥有这种品质。占有欲是一种很强烈的情感，心理学中称为禀赋效应(endowment effect)。它指的是我们通常会紧紧抓住属于自己的东西，不想拱手让人，甚至也不愿意交换。我在早年创作的《花钱的艺术》(Mind Over Money)一书中介绍了一些可以验证这种效应的独创性实验。[2]例如，你免费给别人一个杯子，你会发现他们非常不愿意把这个杯子再出售给你，除非你的出价高于杯子的价值，即使这个杯子本来是免费的。很多时候，我们都不愿放弃已经属于自己的东西。

成年人尚且如此，更何况蹒跚学步的孩子呢。不过，事实证明，喜欢闹脾气的两岁孩童在分享方面也有令人意外的一面。至少德国莱比锡马克斯·普朗克进化人类学研究所的朱莉娅·乌尔伯研究团队所做的实验可以证明这一点。

实验一开始，乌尔伯将两岁孩童分为两人一组，给每组一袋弹珠，还拿出一个装了木琴的箱子，箱子的表面只有一个孔。然后研究人员向孩子们演示，如果把弹珠通过箱子上的孔投进去，弹珠便会落到木琴上，发出响亮的叮当声——学步期儿童都喜欢这样的声音。看到这里，你可能认为这个实验会以孩子们号啕大哭的场景收场——毕竟一个袋子里有这么多弹珠，难保其中一个孩子不会把这些弹珠都拿走，只为了能让木琴一直发出叮叮当当的声音。可结果却十分令人惊喜。的确，在19%的试验小组中，其中一个孩子确实抢走了所有弹珠，而另一个孩子只能哭喊或发脾气。但并非所有小组都是这种情况，这也不是研究的主要发现。事实上，几乎在一半的实验小组里，孩子们都平分了弹珠。[3]这太不可思议了！

在许多家长看来，这样的情况简直令人难以置信。不仅如此，实验甚至还在往更好的方面发展。研究人员刻意没有平分弹珠，给一个孩子发的弹珠比另一个孩子的多，这时甚至有三分之一的孩子把自己的弹珠分给了弹珠较少的孩子。

这是一个相当了不起的研究结果。不过，乌尔伯的研究并不是什么奇怪的特例。事实证明，学步期儿童不仅可以很善良，而且也会在帮助别人的过程中收获快乐，就如同善良的成年人一样。而在本书里，我会不断重申，行善不会削弱人们所表现出来的善良，反而会加深这种品质。

下面来看另一个实验。一个研究人员用衣夹将一些洗净的衣物挂在晾衣绳上。与此同时，一个学步期儿童正在玩耍，让弹珠滚入一根管子中，发出叮当悦耳的声音——如前所述，学步期儿童喜欢这样有趣的声音。一段时间之后，孩子的弹珠用完了，研究人员的衣夹也用完了。随后，研究人员从窗台上拿起一个盒子，假装费力地想要揭开盒盖，却始终没能打开。孩子在一旁看着。接着，研究人员把仍然盖着盒盖的盒子放在地上。孩子没有弹珠了，注意力全在盒子上，自然会忍不住想要知道盒子里面装的是什么，于是尝试揭开盒盖。结果，孩子轻而易举地揭开了——当然，这都是事先设置好的。这时，孩子会在盒子里找到一些东西：一块废布、一颗弹珠和一个衣夹。

摄像机会拍摄记录整个实验过程，便于研究小组分析孩子的面部表情和肢体语言。而实验最有趣的部分在于分析孩子的反应。多组实验结果表明，孩子们在看到盒子里的不同物品后，反应大相径庭。发现盒子里是一块废布的孩子会表现得漠不关心，甚至是失望，而在盒子里找到弹珠的孩子当然会很开心，但当孩子们发现盒子里是衣夹时，他们似乎表现得最开心（只有一个孩子不是如此）。摄像机镜头显示，他们会走到研究人员面前，骄傲地挺起小胸膛，甚至比那些发现弹珠的孩子笑得更加灿烂。很明显，他们很高兴能够在盒子里找到衣夹，虽然衣夹不会给他们带来特别的乐趣，但他们观察到衣夹对大人晾晒衣物有帮助。我必须承认，这是我最喜欢的儿童心理学实验之一，因为它说明了这些小家伙既善良又可爱。[4]

小小年纪的"善心人"

学步期儿童能够通过分享或助人来表现他们的善良，这与人们的普遍观点恰好相反。而在善良的另一种表现形式——安慰他人方面，甚至更年幼的儿童也能做得很好。

20世纪90年代，美国马里兰国家研究所心理学家卡罗琳·扎恩·瓦克斯勒的研究可以证明这一点。她让一两岁婴幼儿的母亲在孩子们面前假装痛苦，然后记录他们的反应。（为了避免这些母亲给孩子提供过多奖励而影响实验结果，一些母亲的行为被全程录像。）这些母亲或是假装咳嗽或哽咽10秒钟；或是假装撞到了脚或头，并发出"哎哟"的叫喊声，然后揉揉疼痛的部位；或是表现得无精打采，坐着叹气十几分钟。最夸张、最投入的母亲甚至假装啜泣了10秒钟。此外，为了让实验结果更完善，这些母亲还注意了每当类似事件自然发生时，她们的孩子是如何表现的。

卡罗琳·扎恩·瓦克斯勒和参与实验的母亲们发现，孩子们会做出包括拥抱、轻拍安慰或亲吻之类的反应，而年龄较大的一些孩子则会说一些表示安慰或同情的话。另外，孩子们在看到母亲痛苦时，可能会呜咽或啜泣。该研究通过跟踪观察已满1周岁的孩子得出结论：一半以上的孩子至少都会表现出某种程度的善意反应，比如一开始会拥抱和轻拍他们的母亲；1岁的孩子中做出了表达同情的反应的占10%，虽然比例不高，但仍然值得注意；而2岁孩子中表现出善意的占49%，这个比例已经相当高了。

我们应如何看待这些发现？首先，有证据表明，即使是1岁的孩子，也能理解自己的母亲何时感到痛苦，而且还会因此做出一些善意的举动。同时，这个年龄段的孩子不会每次遇到类似情况时都表现出善良的一面。还记得我那位被滑板车绊倒受伤的朋友吗？事实上，有时这些小家伙似乎很乐意看到母亲表现出明显的痛苦，特别是他们自己能够造成伤害时，但这不一定表明他们有幼儿期施虐倾向。扎恩·瓦克斯勒推测，母亲的一些夸张反应显得很"滑稽，"[5]这很对小家伙们的胃口。我不得不承认，这个推论让我对那些实验视频充满了好奇。

迈克尔·托马塞洛是另一位对婴幼儿利他主义研究感兴趣并且颇具影响力的研究者。他也在马克斯·普朗克进化人类学研究所工作，曾经参与过前文所述的一些研究。在一项实验中，托马塞洛和一位同事发现，年仅18个月大的幼儿看到大人（实验人员）抱着一摞杂志无法自己打开柜门时，会主动提供帮助。[6]即使孩子们正在玩一个有趣的游戏，他们也会倾向于暂停游戏，先帮忙打开柜门。此外，这些"小善人们"甚至会在爬过摆在他们面前的物理障碍物后，下定决心帮助其他被困的同伴。

在另一项实验中，托马塞洛和他的同事让每个幼儿与另一个人一起打开一个上锁的箱子，他们惊讶地发现，42%的幼儿选择帮助大人完成任务，75%的幼儿却选择帮助另一个幼儿。[7]这说明这些幼儿意识到另一个同龄的孩子可能更需要帮助。另外，这项实验也说明他们帮助其他幼儿是不求回报的，因为在他们看来，帮助大人可能会获得更多奖励。他们的大脑还没有发育到足以理解互惠概念，因此他们只是出于善良的本性而做出善意的举动。托马塞洛认为，幼儿的善良是天生的，是人性的一部分。另外，他甚至发现，生于野外但由人类抚养长大的黑猩猩（野外出生的黑猩猩往往攻击性较强）会在人类够不着物品时将物品递给人类，即使它们之前从未见过那些东西，也不会得到香蕉作为回报。

托马塞洛将学步期儿童称为"无差别利他主义者"。他们乐意帮忙时，可以为任何人提供帮助。随着年龄的增长，他们开始变得越来越"挑剔"。从进化角度来看，这也很容易理解。婴幼儿时期，我们的大部分时间都是和自己的亲属或其他值得信任的人待在一起，所以我们不需要那么警惕。随着年龄的增长，我们会遇到越来越多不相关的人，而对于如何传达善意以及哪些人值得信任，我们也会有自己的判断和考量。

另外，学步期儿童对自己的名声毫不在意，无论是善良还是残忍，他们都觉得无所谓。当然，他们确实喜欢得到父母的表扬，但除了某些特定时刻外，他们并不了解其他人的总体看法，还不能够理解遵守社会规范是什么概念。

成长过程中越发善良

随着儿童年龄的增长，他们对善良和善举的理解也变得愈加成熟。不列颠哥伦比亚大学的约翰-泰勒·宾菲特教授的研究工作可以证明这一点。约翰-泰勒教授本人就十分乐善好施，他的主要成就之一是制定了BARK项目（Building Academic Retention through K9s, BARK, 是一个利用治疗犬改善学生心理健康的犬类治疗项目）。BARK项目通过治疗犬缓解大学生的压力，帮助他们提高心理健康水平。2020年新冠疫情发生期间，约翰-泰勒教授参加了由我线上主持的慈善节会，他身边坐着一只可爱的治疗犬（是一只金毛），它帮助所有与会者放松心情，保证了线上讨论的顺利进行。言归正传，约翰-泰勒一开始从事善良研究学术工作时，就总是让孩子们画出一些他们自己做过的善意举动。[8]

他发现，孩子们的善举可以分为不同类别，如肢体性善良和包容性善良，但孩子们在慢慢长大后才能理解这些概念。例如，一个8岁女孩画了自己扶起一个摔倒的朋友的画，这就是一幅描绘肢体性善良的画。一个女孩在哭，另一个女孩问她为什么哭。第一个女孩说没有人陪她玩，第二个女孩说："所以我就和她一起玩了。"这就是一幅描绘包容性善良的画。我特别喜欢一个男孩画的自画像——画中的他有两只大大的耳朵，他正在上课，要看出他的善举，需要特别敏锐的洞察力。这个男孩解释说，画中的他正在"竖起耳朵认真听老师讲课"，这就是他眼里的善举。

宾菲特教授向慈善节（Kindfest）会上的听众解释说，当他要求年幼的参与者画出他们老师的善举时，他预计这些学生会描绘教师发糖果或延长休息时间等场景。也就是说，他认为孩子们会联想到对他们直接有利的行为。因此，当发现学生们画的是老师帮助其他学生学习数学的画面时，他感到有些吃惊。而当10~11岁的孩子描述善良时，他们对善良的定义是"包容别人，让别人感到快乐"。

此外，研究人员还要求孩子们计划在未来一周实施五个善举。他们列出的善举包括帮助邻居购物以及与弟弟分享比萨等行为。有一个孩子还提到了一种非常体贴而且确实经过了深思熟虑的行为。那个男孩描述道，他会尽量避免在他的一个朋友面前提起他朋友的妈妈，因为他朋友的妈妈在一年前过世了。这说明，年幼的孩童也拥有出众的自制力和换位思考的能力。[9]

但如果幼儿真的会越长大越善良，那为什么当他们成长为青少年时，他们的善良能力就会减弱呢？这难道不也是事实吗？某种程度上确实如此。青少年可能会以自我为中心，不考虑他人的感受（还会脾气暴躁、沉默寡言），但这不全是他们的错。首先，青少年们需要经历各种困难才能度过青春期，成长为独立个体。被称为"青少年的忠实卫士"的莎拉-杰恩·布莱克莫尔教授神经科学研究表明，青少年的大脑仍在发育中，需要较长时间才能学会从他人角度看待问题。[10]在分析诸如某人不被邀请参加朋友派对会有什么感受等问题时，剑桥大学的布莱克莫尔教授发现，成年人比青少年能更快地做出决断，而且似乎能更高效地运用大脑进行思考。在我们的成长过程中，大脑各个部分的发育速度并不是完全相同的，因此有一种理论认为，青少年大脑的奖赏系统比前额叶皮质发育得更快，前额叶皮质是脑部的命令和控制中心。这也许可以解释为什么青少年有时更可能做出看似自私的决定。

尽管如此，不列颠哥伦比亚大学约翰-泰勒·宾菲特教授也发现有证据表明，青少年在善良品行方面绝不是无药可救的。他像要求年幼儿童那样，要求14~15岁的加拿大高中生计划在一周内完成五个善举。之后，他对这些学生列出的行为进行了分类，出现频率最高的是帮助他人，例如陪哭泣的同学去卫生间；其次是给予，例如在另一个青少年无法使用自动售货机时，主动借出25分硬币；然后是尊重，如某些情况下，不做某些事也是一种尊重，例如餐桌上不贪食、平时不戏弄兄弟姐妹或朋友。

除了较多男孩选择与尊重有关的善举外，男孩和女孩所选择的善举之间并没有很大差异，这一点也引起了我的注意。我想知道，女孩是否会认为自己本就不应该做出某些行为，而不是把自我克制定义为一种善举(也许我对自己的性别存在偏见)。但男孩可能较难做到自我克制。总而言之，青少年对善良的理解是相当微妙复杂的。例如，他们会主动把碗碟装进洗碗机来取悦父母,即使他们觉得这事很讨厌。此外,他们也会在交谈中帮某人说话,即使他们并不同意这个人的观点。

很多青少年的父母告诉我,他们觉得孩子们这么做并没有什么问题,但青少年的实际行为可能与他们的口头承诺完全不同。例如,他们承诺收拾扔在卧室地板上的衣物、在中午前起床、不要整天只知道玩电脑游戏,实际上他们很难做到这些。

即便如此,我还是想为青少年发声。事实上,在这次活动中,94%的学生成功完成了至少三个计划中的善举,191名学生共完成了943个善举,不过需要注意的是,善举受益人是家人或朋友的比善举受益人是陌生人的可能性大十倍。[11]

当然,我们不应过分强调这些发现,毕竟这些青少年只是参加了一次阶段性活动。就算如此,正如宾菲特本人所主张的,他的研究发现在一定程度上扭转了人们对青少年的固有成见。事实上,青少年也会主动关心他人,考虑他人的感受。

越长大,越善良

我们通过研究发现,幼儿和青少年可能比我们想象的更善良,但一般而言,我们的行善能力和行善倾向往往会随着年龄的增长而增强,这是事实。当然,这个表述有些笼统。尽管一些研究表明,较年长的成年人通常更善良,但其他研究则认为善良程度与年龄无关。此外,许多这方面的实验会涉及行善时能否在金钱上慷慨解囊的测试或行善后得到金钱回报的机会，但这样也会产生问题。正如我在《花钱的艺术》一书中所述，一旦金钱牵涉其中，我们就会不自觉地陷入一种金钱思维框架中，而这可能会影响我们做出正确的决定。[12]

为了避免这个问题，伯明翰大学帕特里夏·洛克伍德教授近来开展了一项研究，主要考察人们在帮助他人时愿意付出多少体力。许多善举往往伴随体力的消耗，无论是在车站帮助婴幼儿父母把婴儿车抬上台阶，还是在路上追赶掉落物品的陌生人，这类善举都经常被研究者忽视，但这项研究则不然。

在洛克伍德教授的研究中，每个参与者都需要握紧握力计——一种测力装置。在这个实验中，每个参与者握得越紧并且持续时间越长（这种操作相当耗费体力），他们获得的奖励就越大，而根据实验设置，他们有时是为自己赢得奖励，有时是为他人。洛克伍德教授的研究小组通过这个实验发现了什么呢？

简言之，他们发现老年人会表现出更多善意。更确切地说，55~84岁的老年人在为自己和他人赢得奖励时愿意付出同等努力，而18~36岁的青壮年在为他人赢得奖励时则不会付出同等努力。[13]从更深层的角度来说，年轻组的参与者愿意在不消耗过多体力的情况下帮助他人，但随着握力计挑战难度的增大（共分为六个级别），他们往往会轻易退缩，而老年组则会坚持到底。不仅如此，实验结果还显示，为帮助他人赢得奖励而拼命握紧握力计后，老年人感受到了更强烈的温情效应。(也许你会质疑这个实验是否公平，但研究小组确实先测量了每个参与者的最大握力计值，并且在实验中考虑了这一点，所以实验是在公平的条件下进行的。)

这些发现并不令人惊讶。我们知道，年龄越小的人在寻求自我利益方面越是存在认知偏差，这也反映出他们涉世未深时立场不够坚定。但这并不是说年轻人不善良。我们在善良测试中调查了人们自述过去实施的善举数量后发现，年龄只有很小的影响，影响程度完全不及性格因素。如前文所述，外向合群、更愿意接纳新想法的人通常会在善良测试中获得更高的分数。不过老年人确实表示他们会向慈善机构捐赠更多的钱财，而当研究人员询问参与者在获得850英镑的意外之财后愿意捐出多少用于慈善事业时，无论收入水平如何，老年人捐出的数额都略高于年轻人捐赠的数额。

　　那些正步入"中青年"①的人可能会说："我很高兴看到这种证据，因为我希望自己可以变得更加善良。"那么，我在善良方面似乎有一个先天优势，比如与我的丈夫相比，我的优势更大，因为我是女性，而女性通常比男性更善良，这种观点正确吗？

　　从某种程度上来说，这种观点是正确的。总体研究表明，女性通常能在同理心和善良度方面获得更高的分数（她们在善良测试中也能获得更高分数），尽管这些发现可能是研究方式和男女性传统上看待自我的方式共同作用的结果。很多大人会从小把女孩（包括我）培养成生活小帮手，比如送她们布偶娃娃，让她们搂抱、照顾这些娃娃，而且每次和善温柔地对待布偶娃娃时，她们就会得到大人的表扬。相比之下，男孩通常是通过

---

① middle youth，青年中年时期，指30~50岁。——译者注

展示力量和韧性、表现"男子汉气概"来得到奖励。当今许多家长可能仍在采用这种传统的教育方式。就在前几天，有个朋友给我发来了一张他在服装店里拍摄的照片，照片中女童裤的腰带处写着"善良"，而男童裤上则写着"霍格沃茨"[①]和"Xbox"[②]。难怪在同等条件下，女性往往比男性更富有同理心。女性是否因为对这类善良度的研究测试更有压力，所以在被观察的情况下刻意表现出善良的一面，或故意勾选调查问卷中的所有选项，声称自己有许多善举并且经常向慈善机构捐款捐物呢？

2008年进行的一项研究改变了这种固有观念，也让男性知道，女性更容易被善解人意的男性吸引。在进行这项同理心测试之前，研究人员向参与测试的男性特别强调："非传统男性通常给女性的第一印象更好，女性会认为他们更幽默、更健谈、更性感、更懂得调情，离开酒吧和俱乐部时经常与女性而不是男性结伴。"如今，这段话可能听起来相当值得怀疑，但它确实达到了预期效果，使男性在同理心测试中取得了更高的分数。[14]当男性知道女性更喜欢善解人意的男性时，他们明显更愿意了解他人的想法和感受。这说明，人们对善良价值的认知会影响他们的实际行为。

在另一个实验中，男性和女性都观看了一段视频，视频中的女孩没有达到美国研究生课程要求的录取分数。与之前的

---

① 《哈利·波特》里的魔法学校名。——译者注
② 美国微软公司开发的一款家用电视游戏机。——译者注

研究类似,参与者的任务是倾听这个女孩的故事,并猜测她在视频中的某些节点可能产生什么情绪。一开始,女性参与者的表现优于男性。但在提供金钱作为回答正确的奖励后,男性和女性的表现都得到了改善,而且他们之间的差距也消失了。[15]

这个典型示例完全印证了我在前文中谈到的金钱奖励会影响实验结果的观点。但这个实验还告诉我们,在适当激励下,无论男女老少,所有人都能在同理心测试中取得几乎相同的分数,都能变得更有同理心。

当然,我不是在暗示以有偿行善的方式打造更和谐的世界,但以其他方式鼓励、颂扬善举,让更多人变得乐善好施的做法也无可厚非。我们需要思考的问题是,如何打造一种能让更多人认同并培养善良品质的文化。

冲破阴霾,寻找善意

行文至此,我已经引述了足够可信的研究来阐明一个事实——在生命的任何阶段,人们都并非注定自私残忍,而且行善也并非在某种程度上违背人的本性。相反,人性本善(人在适当时机下就会展现善良的一面)。随着人际关系的建立,大脑发育的成熟和情绪调节能力的增强,人在得到鼓励和支持的情况下会变得更加善良。当然,这并不意味着每个人都是善良的,而且并非人人都能保持善良的品质。我只是想告诉大家,善良是人性的一个重要构成元素,我们其实远比自己想象的更善良。

但我们经常忽视这一点,原因之一在于消极的个性特征往往会吸引人们的注意力，就像负面新闻总是在新闻播报中占主导地位一样。当然，我们确实应关注"黑暗人格三联征"的倾向问题，即人们倾向于表现自恋、马基雅维利主义[①]和精神病态这三种人格特质。依从黑暗人格三联征行事的人会造成许多麻烦，从而产生痛苦，所以我们需要对自己和他人身上的这些人格特质保持警惕。

事实上，大多数人在大多数时候更容易被美国心理学家斯科特·巴里·考夫曼提出的"光明人格三联征"所驱动。光明人格三联征包括：康德主义——将人们视为自身的终结，而不仅仅是自身的意义；人道主义——重视每个人的尊严和价值；人性的信仰——相信人类的基本美德。（如果我们有兴趣，就可以自行在网上进行光明人格三联征测试[16]，只需要几分钟时间就能完成。我在重视每个人的尊严和价值方面得分80，在人性的信仰方面得分75，在自恋方面得分25，这个测试结果让我很放心。不过现在想来，吹嘘这些结果也确实有点自恋，我能得到如此高分真是一点儿也不稀奇。）

诚然，考夫曼的研究在该领域还处于早期阶段，值得进一步探究。但他的研究小组也发现，具备光明人格三联征符合自身利益，因为拥有这些人格特质的人通常会给自己的生活质量打高分。事实上，总体而言，人类通常比自己想象的更善良——我们行善时并不需要与黑暗本性做斗争，也不需要违背自身利益。

19世纪的一位著名作家威廉·哈兹里特的一篇文章可以充分说明善良是人的一种天性。在这篇文章中，哈兹里特讲述

---

① 指的是为达目的可以不择手段，以个体利用他人达到个人目标的一种行为倾向。——编者注

了他和诗人塞缪尔·泰勒·柯勒律治在林顿附近沿北德文郡海岸散步时的经历。他们遇到了一个渔夫，渔夫告诉他们，就在前一天，当地人曾试图挽救一个溺水男孩的生命。当地人对男孩施以援手需要冒着极大的风险，但他们还是义无反顾。渔夫对这一善举的描述很简洁，却发自肺腑，令人深受触动。"先生，"他告诉柯勒律治，"互相帮助是人的天性。"[17]

我知道，有些人会想，人也会作恶。但我们不妨纵观历史，放眼全球，看看现在正在发生的一切。这个世界有太多残酷和邪恶的事。除了新闻中报道的恐怖事件外，大量心理学典型研究也对人类行为持有最悲观的看法。这里仅举闻名世界的两个例子。其一，人可能在受指使的情况下直接电击某人；其二，人在目睹一场残酷谋杀时，可能袖手旁观，什么都不做。但对这些研究进一步分析后，我们会发现，教科书对这些研究的介绍方式存在不一致性。人们倾向于假设最坏的情况，但这种情况其实并没有全局性证据支持。事实证明，社会心理学这门学科一直放大人们对人性的负面看法，但它缺乏事实依据。

例如，在斯坦利·米尔格拉姆的著名实验中，三分之一的参与者直接拒绝给隔壁房间里的人进行危险的电击，尽管他们做出这种决定也承受了巨大的压力。但米尔格拉姆私下里认为，他的研究更像是一部"精彩的戏剧"，而不是"重大的科学发现"。[18]后来发生了臭名昭著的吉诺维斯命案：1964年，凯蒂·吉诺维斯在纽约皇后区被人谋杀，据说当时有38个人目睹了案发过程，却没有一人挺身而出。可在本案发生时，附近街区的大多数居民不可能看到案发经过,后来地区助理检察官也只找到6个可能与本案有关的目击者——但当时他们并不清楚发生了什么。[19]因此,吉诺维斯遇害仍然是一起骇人听闻的谋杀案,但毕竟没有对目击者造成多大伤害。不过,这次事件引发了广泛关注,后来还拍摄了相关影视剧、电影,出版了小说,"守护天使"(自愿巡逻者)也应运而生,这些志愿者戴着红色贝雷帽在纽约地铁上巡逻。美剧《衰姐们》(Girls)甚至将其中一集命名为"你好,凯蒂",剧中人物参加了吉诺维斯命案的互动剧场版。诚然,心理学典型研究确实通过一些证据表明人在某些情况下有残忍和冷漠倾向,但这些证据肯定不能证明自私和无情是人的本性。

放眼全球,纵观人类历史,还有近年来的两大畅销书——斯蒂芬·平克的《人性中的善良天使》(The Better Angels of Our Nature)和鲁特格尔·布雷格曼的《人类的善意》(Humankind),大量证据表明,人类具备和善、慷慨、关怀他人以及富有同情心等品质,而且这些品质会越来越明显。布雷格曼的中心论点与林顿渔夫的观点不谋而合:善良是人的天性——这也是哲学家让-雅克·卢梭的观点,他始终认为"人性本善"。布雷格曼认为,原始的游牧部落(人类祖先)并不是暴力型的,也不好战,相反,他们喜欢合作,向往友好相处。他的观点得到了相关证据的证明。布雷格曼还引述了鹿特丹伊拉斯姆斯大学历史学教授蒂内·摩尔的观点:"历史告诉我们,合作是人的天性。"

平克的伟大研究比布雷格曼的著作早了10年,他主要研究与暴力有关的问题。大量统计数据表明,我们如今所处的时代是一个十分和平、有温度的时代。就某些方面而言,我相信人类会越来越善良。在19世纪甚至20世纪,如果一个足球运动员把猫当作足球踢,会引起公愤吗?[20]我想可能不会。平克与布雷格曼的不同之处在于,前者认为"人性本恶,但文明手段会使人逐渐变高尚,成为越来越善良的人"。[21]

平克把人类发展进程划分为六个阶段:平靖进程、文明进程、人道主义革命、长期和平、新和平和权利革命。他还指出:"进化心理学的一个关键节点就是,人们开始认为人类的合作以及支持这种合作的社会情感,比如同情、信任、感恩、内疚和愤怒,之所以在演化中留存并胜出,是因为它们使人类能够在博弈中繁衍兴旺。"[22]

就本书而言,布雷格曼和平克的观点差异并不是很大,因为两人一致认为,如今的人性特点并非好战、暴力、残酷和自私,而是与这些完全相反的品质,他们的观点有大量的证据支持。我们处于一个前所未有的美好时代,在这个时代里,我们倾向于合作、文明、尊重他人,实际上这就是平克所说的人类与生俱来的四种美好品质,即同理心、自制力、道德感和理性。人的天性中的确存在黑暗的一面,但这个黑暗面并不像有些人认为的那样,在人性中占据主导地位。

我的视角更偏向微观层面和个人角度,而不是宏观层面和全球角度,我认为"人性本恶"观点的基本论据站不住脚。

诚然,负面新闻总是很容易受到关注,而且确实应当受到关注。我们周围也时常有不幸的事件上演。可以说,世界上每时每刻都有不幸发生。但要知道,人类经过进化,已经会对狮子突然出现并到处吃人的情况保持警惕，因为从风险评估的角度来说，尽管这种情况发生的可能性很低，但攸关生死。相比之下，朋友善意地分享食物这种情况很可能随时都会发生，但影响很小，所以我们通常不会注意这类情况。

假如我给你一张时间表，让你随身携带，并要求你记录一天当中经历的所有情绪以及产生这些情绪的大概时间，你认为哪种情绪会占主导？你也许可以猜到答案了。没错，很可能是悲伤、愤怒或沮丧等消极情绪。相比之下，如果在一天当中随机选择一个时间联系某人并询问他们在那一刻的感受，这些人心里可能会闪现更多的满足感和幸福感。认真想一想，这个道理其实很简单。截至此时此刻，你的一天过得如何？我敢打赌，如果你和某人发生了激烈争吵，或搞砸了一次工作推介会，这种消极经历就会在一整天的所有经历中显得格外突出，因为其他经历相比之下一定都太过平淡、普通。

我相信，行善也是一样。我们一般会善待他人，也经常收到来自他人的善意；我们有时也会表现出不友善或残忍的一面，虽然这种情况很少，却能在我们的经历中"脱颖而出"。为什么会这样呢？部分原因是这类情况比较特殊，我们会因此感到不安。我猜，当你冒犯了某人，你会在之后的几个小时里反复纠结："我当时为什么会那么做？"但如果你一直是个体贴友善的人，那么你可能并不会问自己为什么如此善良。如果有人做了对不起你的事情，那么你可能很难释怀。如果有人对你很亲切，那么你只会稍加留意，然后就继续忙自己的事情了。

其他经历也可能会让我们质疑"人性本善"的观点。住在城市里的人可能每天都会在街上看到无家可归的流浪者，而每次路过时，你可能都会纠结到底该不该给他们一些零钱，因为越来越多的流浪者慈善机构倡议大家见到流浪者时不要给钱，应当直接路过。有些人也许会像我一样，对乞讨者露出无奈和抱歉的笑容，试图用笑容传递流浪者救助机构的意见。这种笑容就好像在说："我经常向帮助流浪者的慈善机构捐款，我觉得在街上施舍现金并不是缓解流浪者困境或解决他的问题的最好办法，但我同情你的处境。我现在不得不去赶火车，但我不想让你觉得我是个无情的人，也不想让你觉得我在无视你的困境，或者我在贬低你的需求和人品，所以我只能笑一笑。"我承认，我的笑容包含的东西确实有点多。我不确定这种做法能否能让救助机构帮助流浪者们。但说实话，我心里并不好受。

许多流浪者救助专家以及直接与流浪者接触的一线工作人员都认为，向街边流浪者施舍零钱的做法并不可取。直接向值得信赖的慈善机构捐款，通过这些慈善机构帮助流浪者安家、过上新生活可能是更有效的善举。这个示例确实能够说明按计划实施往往比一时兴起的善举更加行之有效。

事实上，我们在善良测试中假设了一种不太常见的场景。测试题目为：假如你要去公园和朋友一起野餐，你迟到了，于是只能提着重重的野餐篮跑去约定的地点，篮子里有许多精心挑选的食物。路上，你看到一个人安静地坐在靠近公园入口的长椅上。这个人看起来很瘦削，而且不修边幅。你怀疑他已经有一段时间没有吃过东西了。你瞥了一眼你的野餐篮，考虑是否把食物分一些给这个人。注意，此时你已经迟到10分钟了，而且这个人也没有与你对视。当你靠近或经过长椅时，你的脑海里可能突然浮现出一种想法，即"我需要停下脚步，从野餐篮里拿一些食物分给这个人"。你会怎么做呢？

测试结果显示，人们远远比我预测的更愿意以这种方式向陌生人表达善意。近70%的被测试者表示，他们愿意从野餐篮里分出至少一包食物。超过四分之一的被测试者表示，他们会让长椅上的人自己挑选想吃的食物。部分比较谨慎的被测试者表示，他们担心这样的举动会冒犯到别人（我也会有这样的顾虑）。也有人表示，他们更愿意通过其他方式行善。还有一部分人认为，他们应该先和朋友商量。总而言之，测试结果表明，大部分被测试者都是体贴周到的善心人，我认为这也可以说明人类通常比我们想象的善良。

除此之外，我们在善良测试中还询问被测试者：你是否认为人会随着年龄的增长变得更善良？对于这个问题，三分之二的被测试者表示，人的善良程度要么不变，要么下降——这是一个不太乐观的调查结果。我立即想到，这一定是因为老年人总是戴着有色眼镜回顾"美好的过去"，而这些过去的记忆也许并不像他们想象中那么清晰。但实际数据显示，被测试者如何回答这个问题几乎不受年龄因素影响。年轻人、老年人和中间年龄段的人都认为，在他们出生后，善良程度会保持不变，甚至会下降。

但更近的过去呢？英国有三分之二的受访者认为，人们在新冠疫情流行期间变得更善良了——从疫情防控期间社区居民团结一致的举动上也能看出这一点。这对于乐观主义者而言可能是一个好消息。但北美又有很多人认为，自从疫情发生后，人们变得没有以前善良了，这也许是因为在是否接种疫苗和佩戴口罩的问题上，美国人的观点严重两极分化。由此可见，有时候研究结果也像庞大冗杂的数据库，不太能直观地说明问题。

过去40年在美国进行的所有关于善良的研究也出现了类似的复杂结果。[23]令人担忧的是，根据某些标准进行衡量，移情关注、信任度和公民参与度在疫情流行期间均有所下降。但后来，慈善捐赠活动和志愿者服务越来越多，人们的容忍度也随之提高。因此，人性研究的结论取决于研究者采取的措施和提出问题的方式。

不过，我想以一种不同寻常的方式结束本节，回到之前提到的善良测试中的一个问题上。这个问题是：如果你得到一笔850英镑的意外之财，你愿意捐出多少？参加测试的人愿意捐出的金额平均为252英镑——几乎占总额的三分之一。当然，这只是一种假设。现实中，人们可能会少捐或者根本不捐。我必须补充一点，即使是在测试中，表示不愿意捐钱的人也比愿意捐出全部意外之财的人多3倍以上。即便如此，研究小组仍被这些人表现出的慷慨所打动。我们有时会觉得人类是一种自私贪婪的生物，但至少现在我们知道这往往是一种错觉。我们需要培养和鼓励善行善举。

善良具有传染性

无论我们在过去几年里是否变得更善良,从人类历史的维度来看,很多事情都在往好的方向发展。为什么随着时间的推移,人们可能变得更善良呢?其中一个原因是善良具有传染性。我现在发现,自从新冠病毒出现后,很多人对"传染"一词很敏感,但请相信我,这不是一个全然负面的词语,至少疫情发生期间出现了越来越多善良的人,他们一直在传递善良。

许多不同的实验室研究发现,得到他人善意帮助的人通常会践行、传递善举,有时是直接回报他人的帮助,有时是向其他人行善。美国心理学家莫妮卡·巴特利特在2006年进行的一项研究可以说明这一点。

在这项研究中,所有参与者按要求在电脑上完成"不断重复的乏味练习",只是这种练习需要参与者集中精力。完成练习后,一半参与者看到电脑上正在播放美国搞笑综艺《周六夜现场》(Saturday Night Live),表面上这是后续任务的一部分,实际上研究者是为了让他们放松心情。与此同时,另一半参与者发现他们的电脑突然白屏了。研究人员告诉他们,技术人员很快会来维修电脑,他们的分数可能会因此丢失,所以他们必须重新完成整个练习。显然，这些人听完后不太高兴。研究人员会假扮参与者和这些人一起练习，然后主动提出尝试修复电脑。当然，电脑修复成功，分数也没有丢失，其他参与者都松了一口气。之后，有人问所有参与者是否愿意帮忙填写一些相当枯燥无聊的文件。

你可能觉得，那些看了搞笑综艺而心情愉悦的参与者会更愿意帮忙，其实不然，花最多时间填写那些无聊文件的竟然是另一半参与者。为什么呢？他们这么做其实是为了传递那个修电脑的人对他们的善意，因为多亏那个人的帮助，他们不必重做一次乏味的练习。[24]

"爱心传递"（pay it forward）的概念可以追溯到很久以前。这个概念的早期倡导者之一是本杰明·富兰克林，他是美国的开国元勋，帮助起草了《独立宣言》（Independence）。富兰克林也是避雷针和双焦眼镜的发明者，同时还是作家、出版商、印刷商、科学家……他的成就不胜枚举。1784年，富兰克林给一个因破产而逃到瑞士的商人本杰明·韦伯写了一封信。[25]据说韦伯是富兰克林孙子的朋友，因此富兰克林同意借给他一笔钱，但他提出了一个条件——韦伯不能直接还钱。他在信中写道：

如果你遇到另一个身处类似困境的老实人，就把这笔钱借给他，就当是还钱给我了；当他摆脱困境后，也可以通过类似做法来还钱——我希望这笔钱在落入无赖者手中前可以尽量帮到更多的人。这是我用小钱做好事的一个窍门。[26]

尽管富兰克林的原文用词有些老派（还是美式英语），但信中的要点一目了然：富兰克林不希望韦伯直接还钱，而是希望他能在未来帮助另一个陷入类似困境的人。我们不知道韦伯是否遵从了富兰克林的劝告，也不知道他是否就是富兰克林信中所说的卑鄙"无赖"，但富兰克林可谓一语中的——通过这种方式，能将善良传递得越来越远。

230年后的今天，美国的一些研究人员做了一个实验。他们在地铁站里寻找志愿者，把同意参与实验的人带到附近的长椅上玩"独裁者游戏"。这个游戏名称可能听起来有点可怕，但请放心，游戏并不涉及入侵其他国家或处决政治对手，只是让玩家决定是否把游戏金币传给下一个玩家。每个"独裁者"得到的金额都是6美元。他们可以拿走大部分游戏金币，或选择全部留给下一个玩家（不认识的陌生人），或选择拿走一部分、留下一部分，具体比例由他们自行选择。下一个玩家会知道上一个玩家给他们留下的金额，然后告诉研究人员他们愿意从自己得到的6美元中拿出多少留给后面的玩家，以此类推。

如果前面的玩家选择贪婪地拿走全部或大部分游戏金币，那么后面的玩家更有可能也贪婪地拿走全部游戏金币，不愿公平地分给下一个玩家，而如果前面的玩家把所有游戏金币都留给他们，他们留给后面玩家的平均金额就只有3.71美元了，而不是全部。他们确实也在"传递"，但做得并不彻底。研究者由此得出结论："贪婪会助长贪婪。"[27]这当然只是其中一个发现，但多少有点令人失望。不过这个研究也有着完全不同的一面：如果一个玩家一开始收到3美元——前一个玩家把游戏金币平分了，他们留给下一个玩家的平均金额为3.38美元，略高于游戏金币的一半。另外，令人震惊的是，即使上一个玩家没有留下任何游戏金币，有些游戏参与者也会把他们得到的游戏金币分出一部分留给下一个玩家——这部分的平均金额为1.32美元。虽然数额不高，但也值得注意。

后来，研究人员重复这个实验，只是这次玩家得到的金额取决于掷骰子的结果，与之前的实验相比，这次的玩家在决定留给下一个玩家的金额时，显然不如之前的玩家慷慨。游戏规则改变后，玩家似乎认为收到多少金额取决于运气，它属于合法得到的奖励，不涉及互惠问题。由于一开始就没有表现出人与人之间的善意，因此"爱心传递"效果也减弱了。

一个人行善并非为了得到直接回报，而是希望得到帮助的人能够继续帮助另一个处境类似的人，从而让更多的人从这样的善举中受益。换言之，人与人之间出现了一条"善意链"。这无疑会像多米诺骨牌一样，使善良得到传播，但它的效果有限。

不过，传播善良可以通过社会规范对人们行为的影响来实现。事实证明，如果我们听闻其他人，特别是我们认同的人，以某种方式行事，那么我们更有可能也以这种方式行事。我们不需要见到这些人，只需要信服他们所做的事（善举或好事），我们也会倾向于向他们一样与人为善。

美国心理学家罗伯特·西奥迪尼和他的同事进行了一项典型的社会规范影响力研究，他们在酒店浴室里贴了一张告示，表明酒店的客人为了环保大多数会选择重复使用毛巾。这种做法虽简单，但他们看到这张告示后都会选择留用毛巾，而不是要求更换新毛巾。[28]如今，这种做法已经在世界各地的酒店里得到推广，当然也帮助节省了大量水资源和能源。

因此，社会规范不仅可以让人们更加善待地球，而且在不需要直接人际接触的情况下，便能使人们变得更加友善。即便如此，我们还是喜欢人与人之间加强互动，而后面的示例可以证明言行一致的人拥有强大的说服力。

2012年，"康涅狄格州太阳能化"计划启动。来自美国58个不同城镇的志愿者报名成为"太阳能大使"，挨家挨户上门试图说服人们在自家屋顶上安装太阳能电池板，以促进环保事业的发展。[29]所有志愿者都热情洋溢，希望每户人家都能用上这种绿色能源，只是部分志愿者的成功率更加突出。也许你已经猜到了，比起那些自家并没有安装太阳能电池板的志愿者，那些已经在自家屋顶上安装上的志愿者说服了62%的新用户参与太阳能计划。因为假如有人问他们："既然这个东西这么好，那你家安装了吗？"这些人能够果断地给出肯定回答。这个示例说明，人们更容易被言行一致的人影响而去做好事，比如为环保出一份力。同时这也表明，我们每个人天生都有行善做好事的倾向，并且更容易在榜样的激励下将善良品质付诸行动。

成为"善举观察者"

为了理解人性中善良的一面，我们应学会发现善举，成为所谓"善举观察者"。就像鸟类观察者外出寻找鸟类并记录鸟类行为踪迹一样，我们也可以将更多的注意力投放到自己和他人的善举上，让善举在日常生活中变得更引人注目。

心理学家马丁·塞利格曼证明，如果你在睡前写下白天让你感到快乐的三件事情——无论多么琐碎，那么你的总体快乐水平将逐渐提高。这个实验的原理是，睡前写下三件乐事会让你在试图入睡前回想一些美好的事情，当记录美好时刻成为一种习惯时，你便会在白天的日常活动中主动寻找这种快乐。多亏了这个方法，我在疫情防控期间也能感到快乐。

我发现，善良和快乐类似。在善良测试中，被测试者表示他们观察到的善举数量各不相同，这一点并不奇怪。以全球调查结果为例，非洲居民观察到的善举数量最多，其次是北美洲居民，而欧洲居民观察到的善举数量相对较少。然而当询问被测试者个人接受过多少善意时，各地居民的得分比较接近。同样，世界各地的老年人表示，他们在周围看到的善举较少,但他们收到过很多来自他人的善意。为什么会出现这些差异呢?其中一个原因可能是,有些善举确实发生了,但某些地方的某些人可能不太敏感,所以忽略了,他们只会发现那些非常明显的善举。

就像有些人习惯写感恩日记,用于记录他们所感激的人和事一样,我们也应该开始写善举日记。我本人已经开始这样做了。我发现,越是留意善举,便越能注意到善举。以下内容节选自我的日记。

星期三上午9点35分

在地铁站,离我较远的前方有一个女人推着婴儿车。她身后的男人主动帮忙,试图将婴儿车抬上台阶,但好像不太顺利。婴儿车太重了,车里除了一个小孩,还装了很多买来的物品。他们已经上到一半了,这时候又不能放下婴儿车。男人大声求助,我离他们太远了,不过有一个笑容灿烂的女人帮了他们。他们把婴儿车搬上台阶后,婴儿车主人和另外两个助人者都显得格外高兴,因为他们合力完成了一件好事。

星期六下午2点30分

沿着街道散步时,我看到街边的一张桌子上摆了几盘蛋糕和饼干——看得出来是自家做的。桌子边上有两个小女孩在叫卖,她们正在为乌克兰难民筹集善款。

星期一下午6点40分

拥挤的伦敦地铁上,我旁边坐着一个年轻人,他的手机发出了收到消息的叮叮声。他环顾四周,仔细观察车厢里其他乘客的表情,看到所有人都戴着口罩,于是他开始用手机打字。他的手机信息通知又响了很多次。不久,一个男人艰难地穿过人群,走到年轻人身边问道:"是你吗?"我好奇极了,想知道他们之间发生了什么。"是的。"年轻人回答道,然后递上一个钱包。那个男人非常激动,再三感谢了年轻人。在短短5分钟的车程里,坐我旁边的那个年轻人捡到了一个钱包,通过钱包里的信息主动联系失主并归还了钱包。他们很快地碰了下拳头,十分默契。尽管两人都戴着口罩,但我可以看到他们的眼里洋溢着幸福。这可真是美好的一天。

我最开始写善举日记是把它当作一个实验,但从那之后,我再也没有忽视过周围发生的善举,我也希望能一直保持这个习惯。如果我们注意到善举,细细感受,那么每天都会觉得周围充满善意。有时,行善助人的是我们自己,频率可能比想象的更高。

最近一次施与他人的善举
善良测试

- 我帮助一位阿尔茨海默症患者找到了回家的路。
- 我让爱人多睡了一会儿,然后在他接替我照顾宝宝前,为他煮了一杯咖啡。
- 有一个骑自行车的人在我面前翻车了,我上前查看他的状况。他摔得有些严重,晕晕乎乎的。我等他清醒后扶他起身。
- 我向一个正在戒烟的朋友了解他的戒烟情况。
- 我给了一个饥肠辘辘的人20英镑。
- 恰逢周一,原定在利兹举行的狂欢节再次因受新冠疫情影响而被取消了。所以我给爱人做了美味的饭菜。
- 我在一家慈善商店里购买商品时,故意多付了钱。
- 我在早餐时间给妻子读了我们计划一起看的书。
- 一个店员被骂后心情低落,我走过去安慰她。
- 帮助的对象必须是"人"吗?帮助动物也算吗?我每天给当地鸟类和松鼠喂食两次。
- 我归还了别人的铅笔。

2

Being kind makes you feel good and that's OK

第2章

行善会让人感到幸福,这很正常

乌苏拉·斯通在伦敦北部新巴内特区生活和工作，是一家小花店的老板。她每天下班后都会去当地超市转一转，挑选一些已经过了保质期的鲜花。这些鲜花如果不做成廉价花束就会被直接丢弃，而做成花束后，可以卖给养老院等福利机构以及低收入的客人。乌苏拉还为有犯罪前科的年轻人提供培训和工作机会，让他们有望在未来过上更好的生活。除了这些，她还经常用鲜花制造惊喜——她把花束留在公共场所，并附上一张卡片，留言是："请把这些鲜花带回家，祝您心情愉快！"

伯纳黛特·拉塞尔是一位作家、博客作者和慈善活动家，在过去的10年中，她一直在社区内外传播善良的种子，把这视为自己的使命。她日行一善，做过许多好事，其中之一就是装饰电话亭，并在电话亭里留下一些硬币，让有需要的人可以给所爱之人打电话。

大多数时候，乌苏拉和伯纳黛特都看不到她们的慷慨和善举有何结果。她们不知道谁会捡起那些留在公园里的花束或使用装饰过的电话亭。即便如此，她们也会毫不犹豫地承认，这些行为确实给她们带来了一些个人收获。这种收获不是金钱，也不是任何其他物品，而是一种纯粹的情感，一种向他人行善时产生满足感带来的温情效应。

当我们接受他人的善意帮助时，我们显然是善良的受益者。我们会感到被重视、被关心。当看到陌生人行善时，我们会发现这个世界比我们想的更有人性和温度。不过，我更想证明，行善的人也能从中收获许多。原因在于，当我们的善举可以改善他人的生活时，我们自己的生活也会随之改善。善举对人的身心健康有明显的促进作用。行善有助于消除疲惫，释放压力，提高我们的幸福感。它可以给我们带来快乐，甚至让我们活得更长久。

这些观点听上去很笼统。在实际生活中，我们有时会认为善良带给我们的收获并不大。然而，这些收获是真实存在的，并且有可靠的证据支撑。我们不妨从马德里可口可乐公司办公室的故事开始说起。

双赢——为什么善举可以实现真正的双赢？

加州大学河滨分校的心理学专家以这些办公室为背景进行了一项研究。研究人员将可口可乐公司的员工随机分成两组——善举的施与者和接受者[1]。在为期四周的职场幸福感研究中，研究人员每周都会要求第一组成员（善举的施与者）每天在工作中计划并实施五个善举。为了激励第一组成员行善，研究人员每周都会列举一些新事例。善举可以是日常工作中的小事，比如给别人带一杯饮料、发一封感谢信、安慰心情低落的同事等。不过，善举的接受者必须是指定名单上的10名同事。与此同时，第二组成员（善举的接受者）并不知道第一组在做什么，但被要求统计他们在办公室里发现的所有善举。

研究开始前，每个参加研究的员工（包括对照组）都填写了一份调查问卷，用于评估他们的情绪、工作感受和生活满意度。参与研究的员工在研究期间每周以及善举开始后的一个月和三个月分别填写了调查问卷。研究人员可以通过这种方法了解善举产生了什么影响以及善举带来的益处可能持续多久。

研究的初步结果显示，单从这些小善举来看，两组员工的工作满意度和生活满意度都有所提高。但有趣的是，一个月后，施与者对生活和工作的满意度进一步提高，而接受者得到的满意度却停滞不前。需要注意的是，施与者在日常生活中并不一定像研究期间表现得那么善良，他们只是按要求和指示行善，这也许与他们的一贯作风完全相反。即便如此，与接受者相比，善举还是给他们自身带来了更持久的积极影响。

我并不是说善举对接受者的长期影响不大——从另一个角度来看，这种影响实际上更令人震惊。因为这项研究发现，办公室内接受善举的那些员工在实验后所实施的善举比实验前多两倍。这是一个相当重要的发现。由此再次证明，善良具有传染性，这与第1章所述的观点不谋而合。

想象一下，你刚刚在街上被人拦住，并得到了一笔意外之财。你觉得怎样使用这笔钱会让你更快乐：款待自己，还是款待别人？大多数人或许会选择前者，毕竟放纵自己会带来快乐，难道不是吗？没错，某些情况下确实如此。但事实证明，对别人慷慨可以给我们带来更大的满足感。

一天早上，加拿大温哥华市某条街道上的行人被恳请参加美国心理学家伊丽莎白·杜恩开展的一项实验。同意参加实验的行人会得到一个装有5美元或20美元的信封以及一些指示。一半参与者需在当天结束前把钱花在自己身上，另一半则需要用钱做善事或给别人买礼物。当天晚上，研究人员与参加实验的所有行人进行了交谈。第一组行人表示他们给自己买了各种物品，如耳环、寿司、咖啡等。第二组则给孩子买玩具，给朋友买礼物，或直接把钱给街上的流浪者。之后，研究人员要求每个参加者对自己的心情进行打分。

不管他们收到的是5美元还是20美元，也不论他们用钱买了什么，他们的心情得分都不受影响。关键在于他们把钱花在了谁身上。把钱花在别人身上的人明显比那些把钱花在自己身上的人更快乐。[2]

德国哲学家弗里德里希·尼采有一句名言："什么都无法舍弃的人，什么也得不到。"我认为这句话的意思是，只有做出一些牺牲，我们才能感受到真正的自我。尼采似乎在暗示，在和他人打交道时，我们应带着无私和慷慨，这对个人幸福感至关重要，而近来的研究也证实了这一点。

有项研究采用了盖洛普世界民意调查数据，从136个国家随机选择各国人群代表性样本，并于2013年发表了研究结果。该研究发现，那些当月向慈善机构捐款的人通常比未捐款的人拥有更高的幸福感。[3]这种幸福感与收入水平无关，但某些情况下，向慈善机构捐款必然会使人们少花一些钱在自己身上。即便如此，他们还是乐意做出这种牺牲。

另有一项研究对许多美国人进行了多年的跟踪调查，结果显示，现金捐款占收入的比例越高，人们的幸福水平也越高。这种影响在9年后仍然很明显，[4]这一研究成果着实令人意外。即使目前人们察觉不到变化，但从幸福感、身体健康、收入、教育和宗教等方面考虑，确实存在长期影响。

心理学家西尔维娅·莫雷利和贾米尔·扎基在研究朋友之间的善意、善举时发现了一些类似效应，也很有趣。[5]他们将参与者分为两人一组，连续两周每天下午5点给每组参与者发邮件，要求每个人记录他们当天为朋友做了多少件善事。莫雷利和扎基还询问了参与者当天与朋友共鸣的程度以及自身的感受。你可能已经猜到了结果，在其中一人帮助另一人的情况下，助人的朋友会感到更幸福，这种满足感也会持续到第二天。这与先前所述的研究结果一致。如果要解决的那个问题能引起两人的共鸣，让他们产生一种特殊的情感联系，那么这种影响也会更明显。例如，在安慰失恋的朋友时，如果安慰者也有过类似的经历，就会产生更积极的影响。

在上述案例中，高度同理心驱动了情感发酵，让善举变得有意义并且更能带来快乐。莫雷利和扎基认为，培养同理心是变得更善良的第一步，而善举会让人感到幸福。（我们会在第5章中继续讨论这个话题）

善良测试发现，善良和幸福感之间存在着明显的联系。经常接受善举的人会有较高的幸福感。此外，测试还发现施与善举的人通常会有更高的幸福感（另外，仅仅是看到他人的行善也会激发幸福感）。不过，这并不是长期研究得到的结果。我们并没有持续跟踪被测试者长达5年之久，所以我们无法知道他们在此期间做了多少善事，也不知道他们的幸福感程度，我们只是一直在寻找其中的规律（我个人对此很感兴趣），所以我们无法确定善良和幸福感二者间的因果关系。幸福感较高的人可能更乐意行善，因为他们一开始便自我感觉良好。但大量证据表明，行善会提高人们的幸福感，而不是幸福感促使人们行善。

当然，幸福感有很多种，一般来源于不同的生活态度和生活方式。古希腊哲学家、居勒尼学派创始人亚里斯提卜强调感性享乐主义。他认为，人活一世的目标在于，通过直接感官体验并享受生命中的欢愉时刻。几十年后，亚里士多德更强调"幸福"（eudaimonia），这种幸福感来源于竭尽全力实现人生目标，并且认为自身成就具有重要价值。正如亚里士多德所言："人的善最终将表现为灵魂遵从美德的活动，如果美德不止一种，就表现为（通过思考）遵从最好和最完全的美德活动。"[6]行善属于第二种，即人的满足感源于他们认为生活有意义、有目标。

当然，大多数人在生活中并没有遵从某一种哲学思想，我们通常会混合搭配多种流派的哲学主张。因此，尽管我们可能喜欢在豪华餐厅美餐一顿，或者出国度过一个愉快的假期，但如果仅仅如此，可能鲜少有人会感到满足。我们经常需要在及时行乐与工作、家庭和社会责任之间进行适当权衡，这在当时可能是一种折磨，但从长远来看，这种权衡会给我们带来满足感。利他主义往往会带来这种快乐，事实上居勒尼学派的哲学家们也赞同这一点。

但即使我们所有人都接受行善能提高个人幸福感的观点，还有一个问题：善举可以产生多大影响呢？你可以向各种慈善机构捐款，在当地的"食品银行"[①]或流浪者收容所当志愿

---

① 专门为接济当地穷人发放食品的慈善组织。——译者注

者，或广施善举，但这些善举带给你的满足感可以抵消不良人际关系、不喜欢的工作、糟糕的健康状况或不稳定的财务状况带来的负面情绪吗？如果生活处处不顺心，那么行善真的能弥补所有问题吗？

当然不能。答案一目了然，这并不令人感到意外。牛津大学的奥利弗·斯科特·库里的研究也得出了类似结果。库里收集了世界各地——主要是在欧洲、北美以及南非、韩国和瓦努阿图（一个由82个岛屿组成的南太平洋岛国）等地区——关于这一主题的权威研究，然后汇总数据进行分析。他发现，行善对幸福感的影响用统计学术语来说属于"中小程度的影响"。[7]换言之，大量善举并不能像某些博客作者声称的那样，可以骤然将悲惨生活转变为幸福人生。库里的研究结果确实表明，行善在幸福感方面对人的影响不亚于正念（更侧重于直接关注自我的积极思考）。一般而言，人的幸福感很难发生变化，因此任何能带来微小变化的努力都值得尝试。此外，关于善举影响的可靠研究显示，行善可以极大地提升个人幸福感。由此可见，斯科特·库里通过荟萃分析发现的影响可能稍微有些保守。[8]

更有趣的是，要体会自身善良带来的益处，并不一定需要一直保持善良。2021年的一项研究发现，回忆自己过去的某个善举对个人幸福感的影响并不亚于实施一个新的善举。我必须在此提醒，研究者极力强调，他们从此研究中得到的启示并非停留于善良带来的荣誉上，因为一个人如果停止行善，便无法建立可供日后回忆的善举记忆库。[9]即便如此，研究表明，行善也可以带来持久的温情效应。善举带来的后续效应更加验证了我的论点——做一个善良的人也能让自己快乐，或至少比之前快乐。

最后，神经科学研究揭示了行善能带来这种温情效应的原因。在人的大脑中，奖赏中枢是通过所谓中脑边缘系统通道连起来的。当我们看到所爱之人，或得到一些巧克力、一些金钱时，这些区域会被激活。但它们也会受到其他因素的刺激，比如把某物赠予某人。除此之外，研究还发现，大脑的某些区域，如亚属前扣带皮层，在我们捐出钱财时似乎比收到钱财时更容易处于活跃状态。[10]因此，善良并不违背人的天性。当我们行善时，大脑也会因此奖励我们。

志愿服务的乐趣

到目前为止，我主要谈了善举给施与者带来的益处，例如一个人花钱做善事，把钱捐给慈善机构，或在日常生活中做出点滴善举。但生活中还有一种更正式的善举，那便是全世界数百万人共同推行实施的志愿服务。

在众多善举中，志愿服务有一个明显优势：志愿者能与其他人接触，在更大范围内将社区居民连为一体。这种善举在强大社会因素的作用下，能够给实施者带来更多益处，而这些益处可能改变他们的生活。

阿米娜在刚果民主共和国长大，她与家人住在一个有警卫的大院里。她还养了一只猴子和一只鹦鹉。阿米娜和她的兄弟姐妹都有贴身护卫，因为她的父亲是当地赫赫有名的富商，堪称一方霸主。阿米娜家中有很多仆人，每天都有盛大的晚宴，迎来送往的人不计其数。她每天乘坐一辆SUV汽车上下学，过着奢华、快乐、部落公主般的生活。

但仅仅几年后，阿米娜不得不逃离刚果民主共和国，流落到象牙海岸，每天睡在工作酒吧的地下室里。她目睹并遭受了可怕的暴力，几乎可以肯定父母已经身亡，但她不知道其他兄弟姐妹的下落。她孤身一人，既恐惧又脆弱。

又过了几年，阿米娜在某个黎明时分被保安叫醒，当时她蜷缩在伦敦南部克罗伊登的一个电话亭里，浑身发冷。这个电话亭在政府大楼外，她当时想向当地政府寻求政治庇护。大楼工作人员告诉她必须提前打电话预约，但在此之前，她已经花光了最后一枚硬币。于是，她不得不在一无所有的情况下重新开始生活。

在这种苦不堪言的生活中，阿米娜患上了抑郁症，她在精神病医院住院部待了一段时间。她的长发长满了虱子，不得不剪掉。后来，阿米娜被转到一个慈善机构，该机构的专家帮助她面对之前经历的创伤。其他专业机构和难民支持团体也全力帮助她恢复正常生活。如今，她有了一个安稳的家，与她的女儿和小儿子生活在一起，不仅获得了学位和工作，还创办了自己的企业，目前正在攻读MBA。

这位了不起的女性也是我的朋友，我对此深感荣幸。为什么我要在这里分享她的经历呢？阿米娜极力表示，她非常感谢别人给予她的善意帮助，每当有人问她，是什么支撑她应对那些悲惨遭遇时，她总是回答是助人的善举让她渡过难关。因为有了难民委员会和其他慈善机构自愿帮助这些寻求庇护的人,她才得以生存,并改变了自己的生活。志愿工作让她对往后的生活有了期待。她说过,为别人的生活带来小小的改变能为她的人生重新赋予重要意义。这种信念对她产生了极大的影响,以至于某年圣诞节志愿服务暂停后,她的志愿工作减少,导致她因为精神健康出现极大问题而住进医院。她病情一有好转便告诉医生她想出院,以便继续完成志愿工作。于是,她在送医当天便出院了。

显然,要说明志愿服务不仅能使被帮助的人受益,也能使助人者自身受益,这个例子有些过于特殊,其实很多人都在不经意间有过和阿米娜类似的经历。我们不妨看看当年生活在德意志民主共和国,也称民主德国的那群特殊的人。[11]他们的特殊之处不在于个性特征,而是因为他们见证了德国的统一,在一个相对较长的时期(1985—1999年),研究人员每年都会对他们进行密切研究。研究小组第一次开始跟踪参与者时,他们生活在一个管控十分严格的社会主义国家,但1989年柏林墙倒塌后,他们经历剧变,成了资本主义国家的公民。在新的制度下,他们生活的某些方面得到了改善。许多西方人至今仍感到惊讶的是,尽管统一后人们的生活水平普遍提高,但就平均水平而言,民主德国居民的生活满意度却下降了。这种现象的出现,部分原因在于志愿服务的减少。民主德国时期,志愿工作很普遍,许多体育俱乐部和社团都隶属于公益组织。社会鼓励人们从事志愿服务,很多人通过志愿服务证明他们是好公民、忠诚党员,这对志愿服务本身而言是一种优势。但柏林墙倒塌后，志愿服务的基础设施开始解体，许多公益组织、慈善组织不复存在。一项纵向研究表明，超过37%的受访者曾从事过志愿服务，但统一后便无法继续做志愿工作了。这让研究者有机会了解志愿服务能为人们带来什么变化，心理学将这种研究称为"自然实验"。与两德统一后仍能以原来方式继续从事志愿工作或找到新志愿工作的人相比，这个群体的生活满意度明显下降。当然，生活满意度下降也可能是因为对其他事情不满，并非因为失去志愿服务。但研究者确实对引起不稳定情绪的因素进行了仔细控制和筛查。总而言之，这项研究表明，即使人们是获得他人的认可而从事志愿工作的，也能获得极大的满足感，而当他们没有机会从事志愿工作时，这种满足感便会降低。

诚然，志愿服务的动机因人而异。一项针对美国中西部和西部五家收容所的研究发现，在年龄介于19岁至76岁的志愿者中，较年轻的志愿者更多的是为了结交新朋友而参与志愿工作，而较年长的志愿者则是为了帮助他人或出于一种社会责任感。[12]因此，有人可能认为，老年人的志愿服务动机比年轻人的略微高尚一些。但另有研究显示，老年人从志愿服务中受益最多，大大提高了他们的生活幸福感，因为志愿服务可以让他们找回自我价值感、认同感和使命感，而这些感觉可能是他们以往在工作中或为人父母时所产生的。有关研究人员对佛罗里达州的一个退休人员社区进行了一项大型纵向研究，该社区居民普遍为72岁以上的老年人，他们基本上不需要任何外界援助。研究开始时，研究小组测量了老年参与者的情绪水平、抑郁症状和生活满意度。三年后研究结束时，他们再一次测量了这三个指标。[13]有趣的是，前后结果的差异可能比你预期的更细微。

在这三年中，这个社区几乎有一半的老年人以正式志愿者的身份参与志愿服务，研究结束时，研究人员发现，这些老年人的情绪得分明显高于那些不参加志愿工作的老年人。即使研究小组控制了可能阻碍志愿服务的因素，如健康、残疾状况以及研究参与者是否主动参加志愿工作等，结果也是如此。不过，这项研究还有一个明显发现：在提升幸福感方面，志愿服务的积极影响是有限的。在参与研究的老年人中，参加和不参加志愿服务的老年人在抑郁症状方面不存在差异。这一发现表明，虽然志愿服务可以提升人的幸福感，但其效果并不足以对抗严重的心理健康问题。

尽管如此，如果你想延年益寿，不妨坚持参与志愿服务。这是对几项不同研究进行荟萃分析得出的结论。[14]事实上，与不参加志愿工作的人相比，志愿者的死亡风险几乎减半。

说到这里，我相信很多人会立即站出来反驳：这是相当武断的结论，我们难道不应该更严谨地看待这个问题吗？的确，在试图研究志愿服务、身体健康和预期寿命之间的关系时，存在一个明显的问题。毕竟只有身体健康的老年人才能走出家门，到当地慈善商店或社区中心提供志愿服务。那些病得不能出门的老年人根本无法提供或很难提供志愿服务。这些老年人很可能活得时间不长，但他们一开始便因为身体状况而无法提供志愿服务，我们怎么知道他们的短寿不是由疾病或身体虚弱引起的呢？

负责任的研究人员会理智地分析这些问题，而最可靠的研究必然会在开始时便考虑到健康问题。因此，在前文提到的荟萃分析中，一旦研究人员对健康状况、年龄、性别和是否就业等变量加以控制，对于研究期间提供志愿服务的志愿者，他们的死亡风险并未减半。讲到这里，我几乎都能听到有人在扼腕叹息。其实，死亡风险仍降低了四分之一，不管以哪种标准衡量，这都是一项可喜的发现。

此外，涉及宗教信仰的志愿服务也会产生更大的影响。这也许可以解释为什么给教区教堂做花束的那些女士似乎都能长生不老。

行善不仅仅是提升幸福感

上一项研究表明，对他人行善会产生一种美好的朦胧感，从而整体提升自我满足感。这种温情效应扩散后，可以改善人的身心健康状况。

在中国山东济南进行的一项研究发现，即使只是想到过去所做的善举，也能使人身体更强壮，步履更轻快，举起重物时感觉更轻松。[15]虽然这些影响只是暂时的，但仍然值得研究，所以我想告诉各位这些影响是如何产生的。

在这项研究中，其中一组参与者首先需要回想过去帮助他人（非亲属关系）的经历，然后讲述自己的助人故事。与此同时，第二组参与者花时间准备测试（也许他们比第一组的运气有些不好）。研究人员向两组参与者分发哑铃，并告诉他们，举起哑铃后每持续30秒，便会得到一支免费的中性笔。结果表明，第一组举起哑铃的持续时间长于第二组。两组参与者的哑铃质量相同，奖励机制也一样，因此，有此结果的原因便是第一组参与者通过回忆善举而获得了体力上的提升。

是不是觉得不够有说服力？在这项研究的其他环节中，其中一组参与者必须回想他们为别人花钱的场景，或想象他们在未来这么做的场景。然后，他们可以沿走廊行走，或必须提起一个箱子并猜测箱子的重量。同样，回忆起善举的那组参与者在步行测试中比对照组的参与者走得更快，或猜测的箱子重量比对照组猜测的结果更轻。研究人员由此得出结论，对个人善举的感知促使参与者走得更快、体力变得更好。

我赞同这可能是第一组参与者胜出的原因，但我想谨慎分析这个结果，因为它可以在某种程度上解释心理学上的所谓"启动效应"，即参与者思考特定主题的行为会转而影响他们后续的行为。这些研究一直具有争议，因为研究结论通常不容易复证。即便如此，这种思考行为也一定产生了某种影响，使一个人在回想善举时受到轻微刺激，从而短暂地提高其力量水平。

这让我想到，尤塞恩·博尔特在100米比赛中跑得如此之快，是否会因为他在冲刺时想到了之前给母亲送花的场景。而那些举重运动员之所以能在比赛中举起惊人的质量，或许是因为他们想到了前几周向儿童福利院捐了一大笔钱并因此感到振奋，所以浑身充满了力量？也许这种猜想并不现实，但回想个人善举可以让人获得超能力，这样的猜想难道不美好吗？

回到现实世界，我们有更可靠的证据表明，善举对心理健康的影响比对身体健康的影响更大。

另外，我还要指出一点，这些研究涉及的人群总体健康状况良好，但如果故意让心理有问题的人接受善举方面的干预呢？

也许有些人会对以下这句话深有感触：如果和一些我不大熟悉的人待在一起，我会感到紧张。在加拿大不列颠哥伦比亚大学进行的一项研究中，学生们被问到他们遇到这种情况时是否也会感到紧张，而给出肯定回答的学生则被招入研究计划。因此，研究对象均是在某种程度上有社交焦虑的学生。之后，研究人员将这些学生随机分成三组。

第一组为对照组，只需每两天以书面形式列出发生在他们身上的三件事，持续记录四周。所记录的事件不能是非常骇人的经历。第二组需要每两天主动参与三次不同的社交互动并持续四周。这类互动可以是向陌生人询问时间、与邻居聊天或邀请某人共进午餐——不过他们最后可能选择的是个人喜欢的其他互动（相关人员对他们进行了深呼吸训练，帮助他们在走出社交舒适圈之后能够感到更加放松）。至于第三组，我相信各位已经预料到了，他们的任务是实施善举，即每两天做三件善事并持续四周。同样，他们可以自由选择所实施的具体善举。[16]

你认为哪种策略最能降低研究期间的社交焦虑水平？对于那些强迫自己与人交流的学生，他们的压力水平确实在四周内有所降低，直面恐惧似乎对他们产生了积极影响，而实施善举也是如此。第三组学生还因此收获了另一个益处。他们不仅发现社交场合不那么容易引起焦虑，而且自身也不再试图避免与人交往。相同情况也发生在强迫自己社交的第二组学生的身上，只是出现的时间较晚。

为什么善举在减少社交焦虑方面能达到这样的特殊效果呢？其实，有社交障碍的大多数人都会担心与他们交谈的人会给出消极反应——他们担心自己不被人喜欢或遭到粗鲁对待，或别人对他们有不好的看法。但如果是为了行善而与某人互动，就不会担心对方给出什么反应，而且更有可能得到积极反应。

即使如此，有些人在主动提供帮助时也会感到紧张，我自己也是这样。为了说明这一点，我从自己的善举日记中节选了一些内容。

星期五中午12点15分

沿着街道跑步时，我看见远处有一男一女正合力把一张双人床垫搬出面包车。那个女人似乎有些抬不动了。我想也许我应该主动帮忙。我当时穿着运动鞋，也没有带包，所以活动会比较自如。搬床垫自然不难，难的是如何开口。

当我越来越靠近他们时，这对夫妇已经把床垫从后门搬了进去，正准备从户外楼梯搬到二楼。如果要提供帮助，我就得穿过一道高围栏走进他们家的花园。这是不是有点冒犯呢？他们会介意吗？也许他们不想要我的帮助。我想了想，还是算了吧。但事后回想起来，我还是希望自己当时能主动帮助他们。

我是在得知善良测试的结果后写下这篇日记的，我对此很遗憾，因为如果早点知道这些结果，我可能会采取不同的做法。在善良测试中，被测试者需要回答他们得到善意帮助后的感受。答复很明确。他们表示不会感到被打扰、打断或冒犯。相反，大多数人会觉得感激、开心、放松、温暖、受到关爱或得到支持。

也就是说，许多人认为让自己变得更善良的最大阻碍在于他们担心自己的行为会被误解。66%的受访者给出了这样的回答，其次是缺乏足够的时间行善以及社交媒体的广泛使用(我们无法确切地说明他们觉得社交媒体是一种阻碍的原因)。

显然，有时你眼中的善举在接受者看来可能并无必要，总而言之，我认为许多人在需要挺身而出时表现得过于谨慎，其实大多数人都乐于接受他人的善意帮助。

当然，最好一开始便询问有困难者是否需要帮助。我的一位盲人同事曾经告诉我，他不敢在靠近马路的一侧停下，因为每当他这样做的时候，总会有一些自认为好心的路人直接牵着他过马路。我的同事并不是不喜欢有人帮助他过马路，但他不希望路人在没有核实的情况下草率地帮他做决定。

最大限度地鼓励行善

我希望前文的论述已经让各位相信，善举可以提高人的幸福感，甚至可以改善人的身体健康状况。然而，虽然效果显著，但并未最大限度地发挥作用，因此，为了使益处最大化，我们必须找到行善的最佳策略。（注：如果关于如何从善举中获得最大益处的讨论让你感到不适，甚至让你觉得扭曲了善良这一品质的本质，我将在下一章对此做出回应。）

首先，善举可以在某种程度上提高人的幸福感，这一点与年龄、性别、种族无关。行善的方式其实并不重要。但部分研究模式可以让我们知道哪种方式最能提高施与者的幸福感。广泛施善很重要，对各种不同人群施与各种善举更能提升幸福感。另外，研究表明，越经常行善的人幸福感越高，这个发现也许并不足为奇。具体而言，研究表明，每周行善九次比每周行善三次带来的变化更显著。[17]

撇开具体数字不谈，我想大多数秉性善良的人都有这样的直觉——"多多益善"，这也是他们广泛行善的原因之一。比如，有些人经常向国内外各种慈善机构捐款捐物、为一些公益项目提供志愿服务以及在人际交往中宽以待人等。我有很多朋友都能印证一句话："如果你想做某事，就请忙碌的人去做。"他们平时可能忙得没有时间参与慈善活动，但如果你号召大家共同协助完成一个社区公益项目，他们可能会率先报名参加志愿工作。现在我们终于知道了原因：他们能从中获得极大的乐趣！

我想重申：这种做法并没有错。

68年前，平克·莱拉妮出生于印度加尔各答。20世纪70年代，她搬到英国，后来成为一名烹饪专家，同时也是老年亚洲妇女权利的倡导者。在与他人的日常交往中，她是一个非常善良的人。

如果你在超市排队时碰巧排在平克后面，那么她很可能转过身给你一块未拆开的巧克力。如果你在接待时碰巧遇到来访的平克，她就会这么做。平克总会在某些日子里随身携带五块包装精美的巧克力，然后随机送给遇到的人，希望可以给他们带来一点欢乐。

平克是一位利他主义者，这也是她行善的主要原因。她只是想善待他人。我不知道她对有关善良的最新心理学研究有多少了解，但巧合的是，平克所坚持的"一天送五块巧克力"的做法对提升个人幸福感尤为有效，因为权威研究表明，一天当中实施五个善举比一周当中零星实施善举更能提升个人幸福感。[18]当然，采取这种策略并不表示平克在其他日子里不做善事——我知道除了送巧克力以外，平克还有许多善举（并且决心引领他人倡导实施更多善举）。尽管如此，集中行善对施与者也有益处。

还有其他因素也会促使人行善，比如他人的鼓励和赞美。[19]父母应认可并肯定孩子的善举，因为孩子会因此受到鼓舞，而且很有可能在未来再次行善。成年人更应经常感谢相互之间的善意和善举。这类鼓励和赞美可能听起来像是客套话，但我们还是经常使用"好样的"或"你真好"这样的表达，因为称赞善举本身也是一种善良的表现。

行善时一般会与他人建立联系，这种联系的紧密程度和意义似乎也会对事后感受到的鼓舞作用产生影响。这其实并不奇怪，一项早期研究发现，帮助别人寻找丢失物品比在街上给人指路更能提升幸福感。[20]第6章会讨论一种最特殊的善良表现——英雄行为。对于在危难中拯救他人的英雄，他们的自尊心肯定会得到极大满足，尽管他们对外表现的都是谦逊的一面，这种行为与素不相识的陌生人也能建立紧密的人际关系。

因此，不管是经常行善、集中行善，还是以更能拉近人际关系的方式行善，都能使我们从善举中得到更大的满足感和幸福感。如果是捐钱做公益呢？毫无疑问，总比什么都不做好，但我们从捐钱行为中得到的满足感和快感肯定不如志愿服务等善举来得强烈。香港大学许沛鸿博士的研究团队整理了所有权威研究并重新分析相关数据后发现，向慈善机构捐款似乎比志愿服务更能提升施与者的幸福感，这个发现有点出乎意料，甚至令人大失所望，因为志愿服务可以让我们结交新朋友，甚至直观地看到行善的成果。[21]但需要指出的是，他们只分析了一些关于慈善捐款的研究，所以很难说研究结果客观与否。

不过，这项研究中的其他发现更值得关注。例如，通过慈善机构参加的正式慈善活动与非正式帮助(如帮助邻居)，这二者在提升幸福感方面的作用并无实际差别。不过，非正式善举往往比有组织的志愿服务更能提高整体生活满意度和个人成就感。因为在现实生活中，日常善举的自发性更强，更有可能是发自内心而且不受规则约束的。例如，不需要提供推荐信、不需要核实无犯罪记录，也不需要接受志愿者培训或参加安保指导课程。虽然这些在很多情况下属于必不可少的程序，但问题在于这些程序会把想做好事的意愿变成一种工作，而在这个过程中，志愿服务的部分乐趣也会随之消失。

不过其他研究也发现，对于某类人，例如抑郁症患者，安排周密、有组织的志愿服务具有重大意义。[22]缺乏行善动力和信息的人有时需要一些方向和指导，帮助其调动善良的天性。

许博士关于志愿服务的研究还发现，如果志愿者喜欢与受益者直接接触，他们就会从志愿行为中获得更大的个人满足感。这也能解释为什么有些人在慈善机构提供志愿服务时，往往喜欢从事可以与受助者直接接触的一线工作，而不选择需要特定技能的岗位。这对慈善机构而言并不是好事。我记得我丈夫曾在一个难民救助机构工作过，当他得知有个网站技术员只想在日间救助站的厨房帮忙，为寻求庇护的难民分发食物时，他感到非常沮丧。"我们真的需要更新机构的官网了，"我丈夫只能无奈地抱怨，"对我们的公益事业来说，这家伙的专业建议肯定比他在厨房施舍汤水更有帮助！"不过，我还是能理解那位网页设计师为什么会那么做。因为在厨房做志愿者时，他的工作不再只是面对镜像网站，而是直接帮助他人，还能看到这种帮助对受助者的影响，这可以给他带来一种即时的满足感。

显然，与受助者接触更能提升满足感，但这样的满足感，是否会因受助者是陌生人或是朋友而存在很大差别？

为了找出答案，牛津大学的奥利弗·斯科特·库里和李·罗兰德从29个国家在线招募了600人参加研究。他们将这些人随机分成不同的小组。第一组成员需向他们亲近的人每天实施一个善举并持续一周；第二组成员需善待陌生人或他们不太熟悉的人；第三组成员需要每天做一件对自己有益的事；第四组成员需要观察善举；第五组为对照组，组内成员只需照常生活，不必做任何特别的事情。

结果显示，与对照组相比，其他所有小组成员的幸福感在当周结束后均有所提升。更有趣的是，不管行善对象是朋友还是陌生人，幸福感和满足感的提升程度并无太大差别。最有趣的是，对于观察善举或善待自己的小组成员，结果也是一样。[23]由此可见，想要提升幸福感，行善对象是谁其实并不重要。对任何人行善都能提升幸福感！

社会心理学家拉腊·阿克宁在相同领域进行的另一项研究中发现了一些有趣的结果。拉腊研究团队的一名成员会走到那些在大学校园里行走的人身边，给他们10美元。[24]这笔钱是为了确保当他们后续看到非洲净水项目的慈善筹款广告时,手上有备用现金。在参加实验的路人中,研究人员对一半路人表示他们知道这个筹款的慈善机构,对另一半路人则不提及这件事。接着,所有收到10美元的路人都被问到是否愿意为这个慈善项目捐款。

每人捐款的平均数额为5美元——这也许并不算多,不过从平均角度来说,参加实验的路人只将先前收到的那笔钱的一半归为己有。但这项研究还得到了一些有趣的发现。首先,两组路人得到的金额并无差别。即使其中一半路人知道请求捐款的人与慈善机构之间存在某种联系,他们的平均捐款数额也没有增加或减少。不过,这个因素确实对捐赠人体验到的幸福感有所影响。如果路人知道他们捐款的慈善机构与请求捐款的人之间存在某种关联,那么他们会在捐款后感到更幸福。

我不确定慈善机构会如何看待这一发现。一方面,在某种程度上,这个发现有点令人失望,因为非政府组织的首要任务是让收益最大化;另一方面,研究表明,在意识到这种个人联系后,捐赠者会感到更幸福,而这种幸福感可能让捐赠者往后长期向这个慈善机构捐款。这或许也能说明为什么所谓街头"慈善募捐"(慈善打劫),即雇人在街上接近路人,请求路人直接向慈善结构捐款,不利于慈善机构的收益增长。这些"慈善募捐人士"(慈善打劫者)并非慈善机构的长期员工或志愿者,他们似乎只是为了钱而逢场作戏、表演善良,故意在公开场合展示高涨的热情,从而号召路人慷慨捐款。我并不是在质疑这项工作的难度,但就我个人而言,如果我知道接近我的慈善募捐者多年来一直致力于慈善事业,就会更加愿意捐赠。

此外,拉腊·阿克宁还进行了另一项研究:参加实验的志愿者被分为四组,研究人员给每位志愿者一张星巴克代金券,然后告诉他们如何使用这张代金券。第一组志愿者需独自到咖啡厅用这张代金券消费,可以点超大杯的海盐焦糖摩卡星冰乐,加五勺焦糖、四勺焦糖浆、三勺摩卡、三勺太妃坚果糖浆,另加鲜奶油双重混合(据我所知,有这种做法)或点其他制作工序更简单的饮品,具体点什么由他们自己决定。第二组需把代金券赠予朋友。第三组需和朋友一起去星巴克,然后用代金券给自己买咖啡,而朋友则是自己付款。第四组也需邀请朋友一起去星巴克,但必须用代金券给自己和朋友买咖啡。[25]结果显而易见:当天活动结束时,第四组志愿者的幸福感最高。因此,行善和社交同时进行更能促进人际关系的良好发展。

总而言之,有些人行善付出的是时间,有些人付出的是金钱,但哪种方式更能提升人的幸福感,我们至今没有确切的答案。这可能值得我们做深入研究,也可能不值得。毕竟这个世界既需要捐赠者,也需要志愿者。因此,我们最好能根据具体情况自行选择行善的具体方式。归根结底,任何善举对接受者和施与者而言都是一件好事,只是总有一些固执的"书呆子"(比如我本人)想要精确计算哪种善举能取得最佳效果。

最近一次他人施与的善举
善良测试

- 我的同事在得知我的心理出现问题后主动帮我分担工作。
- 我差点错过一列火车,最后在靠近车尾的车厢上车,但我的座位在靠近车头的车厢。列车员拿着我的行李带我穿过了八节车厢。
- 我发现我养的小鸡被狐狸或野狗咬死了。我很难过,邻居主动来我家帮我处理"凶案"现场。
- 有人为了谢谢我,给我烤了巧克力蛋糕。
- 我上门帮人照顾猫,一个业务繁忙的水管工在很短时间内赶到这所房子帮我解决管道漏水的问题,维修完成后,他甚至没有收取费用。
- 我是一名糕点装饰师,有一位顾客在我的脸书页面上真诚地写了一段好评。
- 邻居知道我在合唱团唱歌,于是把她在一些旧报纸上找到的亨德尔《弥赛亚》总谱送给我。
- 妻子因为脑瘤住院六个月,她从医院回来时,衷心感谢我对她的支持、照顾和理解。
- 一只海鸥的粪便落到了我的头上,目睹这一幕的一位女服务员立即拿着一块白布冲出餐厅帮我擦掉,她真是太贴心了。

3

Don't get too hung up on motives

第3章

切莫过于纠结动机

当阿比读到某本杂志的一篇文章时，他只有17岁，还在曼哈顿读高中，而这篇文章促使他做出了一个非同寻常的决定，而这个决定影响了他未来几年的生活。那篇文章让阿比知道了有许多等待肾脏移植的病人在这期间失去了生命，于是他在那个瞬间做出了一个决定：他要捐献肾脏。这么做不是为了挽救亲属或认识的人，而是为了挽救一个陌生人的生命。

不过在采取行动之前，他必须做另一件事：把这个决定告诉他的母亲。他尚未成年，所以需要得到他母亲的许可才能成为捐献者。但他一直没有找到合适的时机向他的母亲提起这个严肃的话题，只能一直往后拖延。一天早上，他终于鼓起了勇气。那天清早，他和他的母亲正在吃早餐，她甚至还穿着睡衣。

"我想做一件事，"阿比突然说道，"我很年轻，也很健康，所以我想把其中一个肾脏捐给陌生人。"

他的母亲听完后大为震惊和担忧，这也合乎情理。事实上，她坚决反对阿比捐献肾脏。"你只有17岁，为什么要这么匆忙地就做决定呢？以后再说吧，当你确定你不会后悔的时候再说。25岁之前，你的大脑仍在发育。现在做这样一个重大决定还为时过早。"

阿比是学校辩论队成员，他早已"全副武装"，知道如何利用统计数据支持他的观点。对他而言，捐献肾脏的风险很低，而得到他肾脏的患者却能得到活下去的机会，这个决定实际可以挽救他人生命。所以无论如何他也要捐献肾脏，最终他的母亲也意识到没有任何人可以改变他的决定。

阿比开始了解捐献肾脏的步骤，希望可以尽快进行手术。

但当地医院的伦理委员会拒绝了他的申请。他太年轻了，所以他们坚持让他再等一年，如果到时候他的想法不变，就通过他的捐献申请。

阿比的内心非常坚定，丝毫没有因此退缩。一年过去后，他的想法并未改变。

手术那天，一切都很顺利。当阿比从麻醉中醒来时，医务人员给他注射了充足的止痛药，他感觉好多了。但渐渐地，疼痛又开始发作。不过这一切都是值得的。据他所知，他的肾脏被切除后很快便植入一个年轻人的体内，他是一个只比他大一两岁的陌生人。

阿比挽救的那个年轻人也在同一家医院接受康复治疗。不久后，阿比可以下床走动了，一开始他还是小心翼翼的，后来便越来越自如了。接受肾脏移植的那个年轻人也是如此。很多时候，他们两人可能在医院走廊上擦肩而过。从道德层面上讲，没有理由阻止他们见面，但医院人员故意将他们分开。因为他们已经同意在电视直播中才首次见面，阿比说他觉得上电视直播的经历比捐献肾脏更可怕，不过他的故事非常引人瞩目，也十分令人感动。

阿比在节目中首次坦承，这种无私行为也给他带来了一些收获。他喜欢以这种方式帮助他人，并觉得这样的行为意义重大。但这是否意味着他的善良并不纯洁，已经被"污染"了？当我作为BBC善良专题系列广播节目的工作人员采访阿比时，他是这么回答这个问题的：

"这种善良确实不是完全纯粹的，因为我很享受这个过程。这个过程有点冒险,但也充满乐趣。我按照自己的价值观生活并从中获得快乐,我可以给那个接受肾脏移植的年轻人发短信,了解他的生活近况。我觉得捐献肾脏这件事对我来说并不意味着自我牺牲。"[2]

我之所以如此详细地介绍阿比的故事,是因为在讨论关于善良的话题时,有些人总会质疑善良的纯粹性。例如,我们在上一章中提到,行善可以提高人的幸福感。你的想法是否因此改变?你在未来实施善举时是否会受到某种程度的影响?你的善举对接受者以及自身的影响是否会减弱?

在一些专家看来,动机很重要。他们认为,如果动机不是纯粹的利他主义,具有无私精神,这种善举在某种程度上也是一种不善良。另一些专家的看法则不那么严苛,他们认为"为了达到目的,可以不择手段"。但无论持何种看法,"动机"这一问题都会使善良复杂化,甚至让人怀疑自己是否真的做了一件善事。

我想用美剧《老友记》(Friends)第五季第四集的内容说明这一点。这一集的名字是"菲比讨厌公共电视台",但也许改为"世界上是否有真正无私的善举"会更贴切。

这一集的情节围绕乔伊想上公共电视台主持慈善电视节目展开。菲比不认同他的观点,并指出他的主要目的是上电视。乔伊回击说,菲比为她哥哥的三胞胎充当代孕母亲时也是动机不纯。菲比确实做了一件大好事,这件事让她感觉很幸福,而这种幸福感就是自私的表现。事实上,乔伊坚决认为世界上没有真正无私的善举。

菲比发誓要证明他是错的，却发现这是一项异常艰巨的任务。她的第一个善举是为住在附近的一位老人清扫家门前的落叶。这确实是无私的善举吗？并不是，因为老人带着苹果酒和饼干出来答谢菲比，她不禁觉得自己做了一件了不起的事情。接着，菲比走到公园，主动让一只蜜蜂蜇了她。(没错，菲比的逻辑就是如此与众不同)她认为，这也是一件好事，因为这么做对她并没有坏处，而蜜蜂则可以在它的朋友面前炫耀。但乔伊指出，这只蜜蜂很可能在蜇人的过程中死亡——这么做又有多善良？最后，菲比向公共电视台的电视广播节目认捐了200美元，尽管她不想捐这么多钱。她本来打算用这笔钱买一只仓鼠。但她的捐款使认捐总额刷新了去年的最高纪录，反而使作为电话接线员志愿者的乔伊成了全场焦点。主持人采访了乔伊，让他在那一刻成了电视明星。这让菲比觉得她帮助了朋友，也再一次感到非常开心。由此看来，乔伊的观点似乎是对的。

如果你还没有看过这一集，我只能对提前剧透表示抱歉，但你应该明白我的用意。我想表达的是，善举往往会给我们带来好处，无论我们是否想要这些好处——菲比也意识到了这一点。但这个事实会在多大程度上贬低善举的价值呢？关于这一点，我坚持认为，善良不会因此贬值。如果出于善意的行为对接受者真正有益，那么即使知道这种善举对自身有益也不会削弱这种行为的内在本质。不过，这只是一种观点。我一直倾向于用证据支持论点，所以我们不妨从科学的角度看待这个问题。

混合动机

我们可以从人类的进化论开始说起。人类对子女和其他亲属表现出的善良是最明显、最常见的。这种善良也称为亲缘利他主义（kin altruism），是人类成功的根本。亲缘利他主义并不是"纯粹"的利他主义，在后面这一概念中，只有接受者才会受益。人类性交的目的是繁衍后代，继续生存下去——如此说来，性交是一种无私的行为。但说实话，性交也是一种乐趣。人类已经进化到一定程度，能够让身体和大脑在繁殖行为中带来强烈快感。同样，分娩和育儿也涉及许多自我牺牲（大部分是母亲的自我牺牲），从生物学层面上，女性在生产过程中努力忍受痛苦，是为了通过生育的方式传递人类基因，从而繁衍后代。除此之外，养育后代也能给个人带来快乐和满足感。因此，养育后代并没有让我们失去人生中的大好年华，因为我们也从中收获了许多欢乐。如此说来，我们的论证似乎又回到了原点。组建家庭以及照顾亲属的动机是一个混合物，既包含自私的部分，也包含无私的部分。

显然，我们所有人都在践行所谓互惠利他主义，即在帮助他人时，希望日后能因此得到回报。[3]例如，对于搬到伦敦南部我家所在街区的新邻居，我会努力向他们表示友好和欢迎。而我这么做也是混合动机驱动的，其中的原因包括：我是一个好人（希望确实如此），这么做让我感觉良好；我希望新邻居也能友善待我，热心给我以帮助。当他们外出度假时，我会帮他们处理回收箱，给花园浇水；而当我不在家时，他们也会帮我做同样的事情。

　　善举还能带来其他好处，特别是公开场合中的善举，因为这种行为可以帮助我们树立良好的形象，提升在他人心中的声誉，同时增强自我价值感。事实上，人们有时会引申这个话题，提到所谓竞争性利他主义。[5]任何参加过慈善拍卖的人都可能看到过这样的场景：两个买家(在我的印象中，通常是喜欢竞争或财大气粗的男性)竞相争夺在意大利豪华别墅度假一周或在高级餐厅享用晚餐的机会。这种大肆炫耀的行为(请原谅我的措辞)可能会让在场的旁观者感到厌恶，但他们本人似乎认为这是展现善良的一种方式，而他们的行为最终也能为公益事业带来收益，所以这种竞争真的有问题吗？一位经验丰富的慈善筹款人林德尔·斯泰因曾告诉过我，尽管慈善机构会规定他们从哪些类型的公司筹款，但对于个人捐款，他们的规定往往比较宽松。

　　"个人捐款也是钱，我们需要钱。实际上，我们无法深究每个人捐款的动机，如果硬要追根究底，那么我们最终可能什么都得不到。有些人捐款可能因为他们品德高尚，真正同情弱势群体。有些人喜欢捐款，是因为他们想在慈善拍卖会上向朋友炫耀。这种行为是否会玷污善款呢？至少我不这么认为，因为我们真的很需要钱。"[6]

　　进化生物学家尼古拉·拉伊哈尼分析2014年参加伦敦马拉松赛的2500多人的在线赞助表时，发现了一种让人意外的筹款模式。在筹款网站上，你可以清楚地看到在你之前的捐款者捐了多少钱，当某个捐款者捐出的数额远远大于平均水平时，之后的捐款者往往也会捐出更多的钱。拉伊哈尼发现，当某个男性给一个众人评选为魅力女神的马拉松女选手提供高额赞助时，后续捐款的男性往往也不甘示弱，捐款数额几乎是平均水平的四倍。[7]这种慷慨行为当然值得鼓励，但我怀疑那些马拉松女选手可能会有一点介意，因为这些男性的做法显然不是纯粹的慈善行为。他们是为了炫耀，彰显自己的财力和物力，甚至可能是为了调情。

但并非所有人都是这样。在筹款网站上选择匿名捐款的人约占八分之一，因此并非人人都想借机抬高自己。尼古拉·拉伊哈尼经过分析有充分的理由认为，许多线上捐款都是出于不良动机，但令人欣慰的是，她告诉我，她仍然相信世界上有纯粹的善良。但这样一来，我们好像又回到了"纯粹的善良"是否真的有意义这个问题上。我始终认为，大部分善举都是混合动机的产物。我已经在前文中讨论过志愿服务。在我认识的人当中，有些人会在圣诞节那天帮忙准备食物，把火鸡和配菜分给无家可归的流浪者。显然，这些朋友的做法是非常有意义的善举。他们都承认这样做一定程度上是因为自己能从中收获乐趣，以一种不一样的方式度过圣诞节，还能因此遇到许多好心人，而且之后还能和别人分享这些经历！

当我们选择行善时，我们不需要担心善举是否出于混合动机。善举倡导者最好抛开"纯粹的善良"这个概念，更不能根据某种尺度对善举进行"分级"，而应主张任何外在善举都能视为"善良"，无论行善动机如何。因为行善动机越多，越有可能采取行动，这才是最重要的。

最后，让我们从神经科学的角度解释行善意图的纯粹性以及这个问题是否具有现实意义。请注意，这是一个相当复杂的论证过程。

我要介绍的是萨塞克斯大学神经学家丹·坎贝尔·米克尔约翰和乔·卡特勒的研究。他们汇总并重新分析了系列研究中1000多人的脑部扫描数据。其中一些实验要求参与者一边接受脑部扫描检查，一边在电脑上玩各种关于信任与合作的知名游戏，比如囚徒困境和独裁者游戏，玩家可以自行决定对对手的慷慨或吝啬程度。另一些参与者会收到一笔钱，然后被问及是否愿意将其中一部分捐给慈善机构。有时人们被要求做出的选择属于纯粹的利他行为，即无私的慷慨行为，施与者不会借机谋取个人利益。而有些时候，慷慨的善举也会使施与者受益。某种程度上，这些行为属于战略性善举。例如，慷慨行善的玩家可能在后续的游戏中获得更多奖励。

卡特勒和坎贝尔·米克尔约翰在分析相关研究时发现，无论是纯粹的利他行为，还是部分出于利他主义和出于战略性考虑的行为，二者都会激活大脑奖赏系统中的几个特定区域，但其中也存在差异。这两位神经学家所发现的其实是这两种善举的不同神经特征。因此，当人们做出纯粹利他主义的决定时，亚属前扣带皮层等大脑部位比较活跃，而当他们做出涉及利他主义和个人利益因素的战略性决定时，伏隔核等其他大脑部位比较活跃。

这些发现都非常有趣，它们意味着什么？我们可以从中得到什么启示吗（假设有的话）？首先，当我们遇到令人愉悦的事情时，这两个大脑区域都会被激活。但有趣的是，其中也存在差别。纯粹利他行为会带来"温情效应"，利他行为能为施与者带来"喜悦效应"，他们能从中受益，神经学家们似乎已经发现了二者的区别。而真正有趣的地方在于，后者产生的大脑反应甚至更强烈，这也许是利他主义带来的喜悦和自身受益产生的喜悦共同作用的结果。

无论善举背后的意图是什么，大脑都会通过不同部位的反应对行善之人进行奖励，这也许是最重要的发现。当然，大脑中还有一个反馈回路在发挥作用。首先，大脑会发出行善的想法——"去帮助那个老太太过马路吧"，然后记录这个行为——"收到"，最后赞许这个行为——"做得好，这种感觉是不是很好？"在某种程度上，无论一开始的行善动机是什么，后续实施善举的部分原因在于，行善会让人的大脑产生幸福感。

此外，对于特殊的利他行为，例如阿比向陌生人捐献肾脏，我们也可以用神经科学解释。神经学家阿比盖尔·马什扫描了像阿比这样的非凡利他主义者的大脑。她的研究与前文所述的关于战略性利他主义的研究不同，她感兴趣的并不是哪些大脑部位被激活，而是大脑不同部位的大小和形状，因为这些部位的大小和形状因人而异。

她最感兴趣的是杏仁核，这个大脑深处的区域是产生某些情绪(如恐惧，但并非所有情绪)的脑部组织。当马什测量肾脏捐献者的杏仁核大小时，意外发现这些非凡利他主义者有一个共同特征：他们的杏仁核比其他人(利他程度较小的人或普通人)的平均大8%。[8]

这个发现非常引人关注，因为除了处理恐惧情绪，杏仁核对人的重要性还体现在能够让人理解他人的感受并因此产生共鸣。马什教授得出的结论为，杏仁核较大的非凡利他主义者可能更容易想象到某人因肾脏衰竭而生命垂危等场景，而杏仁核为普通大小的人会较难想象到这类场景。

　　此外，她还发现，有精神变态倾向的参与者的脑部扫描结果显示，他们的杏仁核比一般人的小。[9]这也能说明为什么精神病患者完全不在意其他人的感受。他们很难产生恐惧情绪，因此也无法对他人的恐惧产生共鸣。

　　马什根据这些提出了"善良连续体"的想法，它一端是精神病患者，另一端是非凡利他主义者，而其他人则分布于两端之间。

　　很多人可能会问，人的大脑是否生来就存在这些差异。如果是，就说明那些非凡利他主义者并非通过自身努力而成为特别善良的人，可能只是因为他们的杏仁核较大，所以生来便被"赋予"了善良的品质。

　　事实证明，这只是部分原因。没错，成年人的杏仁核大小部分来自遗传，但也受成长经历的影响。因此，那些极度缺乏温暖、经常被忽视的人的杏仁核可能发育较慢，最终达不到正常大小，而对于那些在温暖、充满爱的家庭中长大的人，他们的杏仁核最终可能大于从父母处遗传到的尺寸。[10]

　　由此可见，非凡利他主义者部分是天生的，部分是后天造就的(成长经历和环境影响的结果)。除此之外，他们还可以通过正反馈过程变得更加善良。由于他们的杏仁核较大，而且有时还会继续增大，他们更善于理解他人的感受，因此更容易做出善举。同时，他们的每一个善举都会增强他们的自我价值感，进而促使他们变得越来越善良。也就是说，他们从一种善良的棘轮效应①中受益，这对他们而言是件好事。但对其他人呢？

如果善良连续体确实存在，那么我们既能够向上移动，朝非凡利他主义者的方向发展，也能够向下移动，朝精神病患者的方向发展。虽然杏仁核大小会在一定程度上影响我们在连续体上的位置，但这个过程也受到许多后天因素的影响。天性、教养和善举都在发挥作用。

总而言之，我们没有理由根据一个人行善时付出多少、得到多少来划分善良等级。事实上，所有善举都需要一些牺牲，但也会带来一些好处。在现实生活中，善举几乎总能带来双赢的结果，而不是零和效应。因此，世界上的善举越多，人们的收益越大。

过度善良

到目前为止，我一直在强调，我们应善待他人，抓住每一次可以行善的机会。总而言之，我对此坚信不疑，我相信各位也是。但善举有时也会适得其反，造成弊大于利的后果。

上小学时，我的祖父母送给我一个泽西动物园的纪念包，那是一个非常具有20世纪70年代风格的背包，即使在现在看

---

① 原指消费者会随收入的提高增加消费，但不太会因收入降低而减少消费。——译者注

来，它的复古设计也非常酷炫。但当时我已经有了一个类似的背包，所以尽管我很感谢祖父母送的礼物，但后来还是把这个包送给了我在学校时的一个朋友。可这个朋友担心她的母亲会误以为这个包是她偷来的，因为她的母亲非常严厉。我还记得我们当时跪在硬邦邦的操场水泥地上，用铅笔在一张废纸上写明这是我送给朋友的礼物，因为我不需要这个背包。我这是在做好事吗？你可能会这么认为，其实不然。第二天，我的朋友把背包还给了我，并告诉我，她的母亲因为她收下这个礼物而大发脾气。

当时我很不理解，我的朋友也很不高兴。她很想要那个背包，但不明白为什么她的母亲不让她收下。当然，我现在明白其中的原因了。朋友家经济拮据，可她母亲不想因为一个7岁孩子的慷慨赠予而戳破这一点，无论这个孩子是否出于好意。事实上，许多影视剧和电影里也经常出现类似的场景，比如某个角色拒绝别人的帮助时，总会情不自禁地大喊："我不需要你的施舍！"

研究表明，如果帮助他人的行为会引起别人的无助感或让人觉得欠人情、有义务回报，那么受助者通常不愿接受这种帮助。[11]我们在试图善待他人时都应认真考虑这个问题，特别是在不怎么了解受助者或不清楚助人会产生何种后果的情况下。

有些人认为行善的另一个问题在于，帮助别人有时看起来像是在炫耀和自我吹嘘，特别是在社交媒体时代。人们把这种行为称为"释放美德信号"。例如，摇滚明星波诺和电影明星艾玛·汤普森的慈善行为令某些人钦佩，但似乎也引起了一些人的愤怒。"他们在豪华游艇或汉普斯特德庄园举办慈善宴会，炫耀他们多么关心亚马逊部落和难民。他们做这些不过是为了树立良好的人设，而且他们捐的钱对他们来说不过是九牛一毛。"

我个人认为，以这种方式谴责波诺和艾玛·汤普森的善意和善举是不公平的，因为他们的善举确实令许多人受益。如果只是私下援助，慈善机构也得不到它们想要的宣传效果。但在反对的人看来，这种善举属于"动机不良的利他行为"。对陌生人做出这种善举时，更可能出现问题。有些人会对接受这类善举感到不自在，可能是因为人们本能地认为关心自己和家人才是正常的。

例如，那些为家人捐献肾脏的人很少受到怀疑，但像阿比那样向陌生人捐献肾脏的人有时会被人质疑他们的动机。也许是因为我们自己不会向陌生人捐献肾脏，所以便认为那些捐献者只是看起来善良，实际上是为了炫耀他们的道德有多么高尚。我曾就这个话题采访过美国研究慈善问题的教授萨拉·康拉特。她告诉我，有些人可能一直有这种想法，在他们看来，世界上不存在纯粹的善良，所以他们会质疑别人行善的动机，而这也能成为他们不行善的借口。当其他人远比我们善良时，我们会有所防备，觉得有必要解释为什么我们不做同样的事。如果阿比可以捐献他的肾脏，那为什么我们不能那么做呢？这让我们感到不安。因此，我们更倾向于质疑他人行善的动机，从而让自己更好受一些。

但真的有人行善只是为了获得关注吗？换言之，他们的一切善举都是为了引人注目，而不是为了帮助他人。萨拉·康拉特开始通过实验寻找答案，实验对象为喜欢炫耀、较少同情他人的自恋人士。

还记得2014年的冰桶挑战吗？参与者需在网上发布自己被冰水浇遍全身的视频，然后便可要求其他人参与相同的挑战。冰桶挑战活动的目的是提高人们对肌肉萎缩性侧索硬化症（最常见的一种运动神经元疾病）的认识，为对抗该疾病筹集更多善款。有些冰桶挑战的游戏规则是，如果不想用冰水浇湿自己，就得向慈善机构捐款。有些规则要求参与者完成冰桶挑战后，仍然需要进行小额捐款，但如果不完成冰桶挑战，就需要捐出一笔数额较大的善款。具体数额由参与者决定。该挑战活动在脸书平台上快速走红，1700多万人发布了挑战视频。

康拉特教授招募了9000人填写一份在线调查问卷，问卷内容包括他们是否听说过冰桶挑战、是否参加过冰桶挑战、是否邀请过他人参加冰桶挑战、是否曾通过冰桶挑战活动捐款、是否发布过冰桶挑战的视频。同时，受访者还需要接受自恋倾向评估，回答相关问题。正如康拉特教授所料，她发现，这类公开高调的慈善活动会吸引大量自恋者的关注。[12]但她还有另一个重要发现——虽然这个群体比其他人更有可能发布挑战视频，但他们一般只会完成冰桶挑战，而不会向慈善机构捐款。客观地讲，有些冰桶挑战的规则允许这种做法。即便如此，也没有人会阻止那些完成挑战的人捐款。与自恋者相比，自恋得分较低的人往往只捐款（相对不引人注目的一种做法），而得分介于两者之间的人通常既捐款也完成冰桶挑战（擅长运动的慷慨者）。

先别急着全盘否定这些自恋者，我还想引述针对这个群体的另一项研究。这项研究主要调查他们参加志愿服务的积极性，令人欣喜的是，他们参加志愿服务的可能性并不低于（尽管也不高于）那些相对不那么以自我为中心的人。不过，他们更有可能参加公开的慈善活动，私下较少行善，这一点也不足为奇。所以，促使他们行善的部分原因仍然是炫耀。另外，在助人动机方面，同理心得分较高的人往往比自恋者更有利他精神。康拉特想知道，这是否意味着自恋者也不太可能体验到付出带来的温情效应。仔细想想，这一点倒也合情合理，可能事实确实如此，但目前并没有证据可以证实康拉特的猜测。

最后，我想在本节中说明一点，除了自恋型善举和动机不良的利他主义，还可能存在行善方向不正确或过度善良的情况。

以90岁的鳏夫皮特为例，他每天都要去切姆斯福德当地的一家酒馆喝一杯红酒，吃一盘猎人炖鸡（俗称"法式小鸡炖蘑菇"）。酒馆老板是一个十分热心肠的老先生，他怀疑皮特是独自生活的老人，于是在社交媒体上发布了皮特的故事。这个帖子被传得沸沸扬扬，很多人打电话到酒馆，为皮特预付酒钱和餐费。酒馆老板还在推特上发布了一则视频，记录皮特听到有人已经为他预付了往后90杯红酒时的反应。[13]那个瞬间既温暖又可爱。

任何不是铁石心肠的人都会觉得这件事很感人，那些善心人为一个孤独老人预付餐费和酒钱的做法肯定没错。

与此同时，世界各地显然还有数千万人比皮特更需要帮助。可问题是，我们不认识这些人，而在社交媒体的影响下，我们确实认识了皮特（或至少自认为认识了皮特）。我们对皮特表达善意，这是心理学上所说的"可识别受害者效应"①。[14]慈善机构深谙这种效应的作用，所以经常在呼吁大家捐款时先介绍受助人的情况，让所有人聚焦于一个需要帮助的人身上，而不是"广撒网"。

  我在写这本书时恰好看到某份周日报纸上有一个筹款广告。这个广告是由视觉救助者（Sightsavers）慈善机构发布的，上面有一个哭泣的小女孩的照片，旁边写着："纳鲁克娜的每一次眨眼都让她离失明更近一步。你只需捐5英镑就能挽救她的视力。"作为BBC国际广播电台全球健康节目的主持人，我知道世界上有许多儿童和成年人因为得不到及时治疗（尽管疗法简单、费用不高）而失明，所以那则广告足以让我心生怜悯，向视觉救助者等慈善机构捐款。但真正打动我的是小女孩纳鲁克娜即将失明的不幸遭遇。我知道很多人也和我一样。

  在理想世界中，我们不需要以这种方式控制情感，但在现实中，对于有名有姓的个人和不具名的群体，我们更容易与前者产生共鸣。例如在善良测试中，当人们被问及他们一般向哪类慈善机构捐款时，选择国内慈善机构的人通常会比选择国外慈善机构的人更多，而这种选择完全取决于捐款者本人的

---

① 可识别受害者效应是指受害者如果不具备高的可识别性，人们就会对其漠然视之。对受害者进行描述后，人们向受害者提供帮助的意愿会显著增加。——译者注

意愿。人的脑部扫描数据显示，当我们看到需要帮助的真人照片时，我们的大脑里会出现一种特别的反应模式，这种模式说明，在神经层面上，我们更容易对那些我们看到的、与我们有相似之处的人产生同理心。[15]

我们更容易被那些与自己有相似之处的人吸引，这是不争的事实。例如，我们甚至更喜欢和我们同一天生日的人，尽管我们都清楚地知道这种联系完全是随机的，第5章将详细说明这一点。我们会不断寻找自己与他人之间的共同点，当相互之间建立起某种联系时，我们会更容易对这些人实施善举，或至少不会表现出冷漠的一面。

通过努力，我们可以与这种本能做斗争，然后尽量在更大范围内引导善举，从最广泛的意义来说，则是以更公平的方式引导善举。同时，任何善举都是聊胜于无的，所以，如果你想为皮特预付第91杯红酒的钱，那么我一定不会阻止你。当你看到皮特如此开心时，你也会感到格外高兴。就像在视觉救助者慈善机构的宣传页上看到小女孩纳鲁克娜通过抗生素治疗消除沙眼病症后露出的灿烂笑容时，我们也会被她的笑容感染。

考虑自身利益

在本章末尾，我想重申一点，通过仔细研究相关证据，我认为行善让人感到幸福的这个事实完全不会否定善举给他人带来的益处。事实上我也认为，这世上不存在完全无私的善良,但这并不是坏事。善良并不意味着在任何时候都要表现得像个圣人,而应是待人宽厚、乐于助人,通过行动对他人施与帮助,有时也因此获利。

有个社区组织——英国公民协会（Citizens UK, 英国的一个慈善组织）提供相关培训,让社区领导和志愿者在规划社区活动时始终考虑他们的个人利益。他们认为,如果人们将某项活动产生的个人利益纳入考量范围,就会更积极地开展志愿活动,还能提高成功率。[16]

例如,有人邀请你加入一个由街坊四邻组成的志愿者团队,共同出力在街道尽头建造一个社区花园,让没有户外花园的邻居有地方种植花草,同时让社区居民在夏日的夜晚有地方坐下乘凉。如果你居住的公寓没有阳台,那么你加入志愿者团队的动机可能有利他主义因素,也有个人利益因素,因为你是社区花园项目的直接受益者之一。另外,如果你的房子自带花园,那么你的动机可能是社区花园会使街道看起来更美观,甚至可能提高房价。无论哪种情况,你都会从这项行动中获得个人利益,进而增强自己的动力,但这并不能否定你参与社区活动的事实,因为你确实在社区花园项目中投入了个人时间,也为其他人带来了便利和欢乐。

当然,为了帮助他人而承诺付出的那部分时间和精力也许可以被视为实际成本,但这无伤大雅。因为付出这些成本也会给施与者带来一些好处,无论是参与公益事业带来的喜悦,还是拖曳、挖掘和种植等体力劳动带来的健身效果。

英国于2016年推出的难民援助计划（社区援助项目）就是这方面

的实例，我个人与这个项目也有一点关联。这个难民援助计划借鉴了20世纪70年代加拿大援助难民的成功模式。根据计划，每个社区的居民可以合力帮助一个难民家庭在他们所在的社区安家，但他们必须为难民家庭争取到一套房子，并得到内政部的批准。获得批准后，他们会从机场接走一个难民家庭，然后热烈欢迎这些难民入住他们社区，并协助处理开立银行账户、社区医院登记注册、申请孩子上学名额等落户事项。之后，志愿者会帮助难民家庭的成员学习英语、参加培训课程、找到工作。

在我居住的伦敦东南部，佩卡姆难民援助组织（Peckham Sponsors Refugees）早在2018年就成立了，这个组织的主要目的是迎接来自叙利亚的难民家庭。我真的太忙了，所以没有时间加入这个志愿者团队，但我见证了一些朋友和邻居为此付出的努力。在这些人实际行动的鼓舞下，我也力所能及地提供了一些帮助。

我清楚地记得志愿者团队为当时仍在约旦的一个难民家庭争取到了一套房子（难民抵达英国后可以租用）。房主是一个非常善良、慷慨的意大利女人，她同意出租房子，以远低于市场的价格。如此一来，难民家庭在抵达英国后也能负担得起租金。这套房子整体设计不错，位于一个宜居社区，稍微整修一番就能变成一个温馨的小家。我当时也参与了他们的整修行动。

拿到房子钥匙的那个周末，我和其他志愿者手里拿着海绵块和滚漆筒一起去打扫卫生，共同度过了快乐而充实的一天。在我看来，我花一天为那些与我素未谋面的难民装饰房屋也是一种善举，但我并没有牺牲很多个人时间，而且我从中感受到的温暖可以说是相当大的回报。

佩卡姆难民援助组织的慈善活动也像其他志愿者团体一样得到了当地和全国媒体的大肆报道，这不仅是因为参与其中的志愿者在这个过程中收获了很多乐趣，更是因为其他人也因此受到鼓舞而纷纷加入。如今，整个英国有数百个援助难民的社区团体，而且数量一直在不断增加。

这一切都说明，善举会带来许多积极影响。当然，从根本上讲，帮助一个难民家庭来到你所在的社区安家落户是一种纯粹的利他行为。主要受益者是难民本人，他们可以在安全、有保障的环境下开始新生活，当地居民也会热心地帮助他们。我遇到过许多援助难民的社区志愿者，每一位都表示援助难民的经历是一次收获大于投入的体验。同时，他们还会发挥直接的榜样作用，促使其他人以相同的方式行善，比如在所在社区建立难民援助志愿者小组，或加入其他公益慈善项目。那些定居的难民通常也会参与当地的助人慈善计划，这就是我所说的善良会"传染"的原因。

最近一次施与他人的善举
善良测试

- 我迎面遇见了一个满身是汗、疲惫不堪的人。他要去一个酒吧。我给酒吧打了电话,为他预付了一品脱的酒钱。
- 我没有在父亲听广播节目的时候打开咖啡研磨机。
- 我主动和陌生人交谈了一会儿。
- 当我知道考陶尔德画廊重新开张后,我马上把这个消息告诉我的母亲。我最近正在和她研究印象派画家的风格。
- 刚升职的人即将犯错,我向他们保证一切可以恢复正常。
- 我告诉妻子我很爱她。
- 我让一个排在我后面的孕妇先使用卫生间。
- 我在医院急诊科做志愿者时,曾和一个非常沮丧的人坐在一起。
- 一个陌生人向我借烟,我给了他一支卷烟。
- 玩桥牌时,我没有选择加倍,因为这么做会让我的对手失去信心。

4

Social media is full of kindness
(OK, not full, but it is there)

第4章

社交媒体充满善意
（即便称不上鸟语花香，但也并非臭不可闻）

今年早些时候，我参加了一个朋友的婚礼。在婚礼现场，我坐在了一位国会议员旁边，她待人友好、性格开朗又低调谦逊——这样一个人，不管人们持何种政治立场都会喜欢她。与她面对面交流时，我猜想大多数人都会对她以礼相待，尊重她，但在社交媒体上，情况大为不同。

她告诉我，她每天都会遭受最恶毒、最暴力的威胁。可悲的是，这种现象如今相当普遍。国会议员特别是女议员，尤其是有色人种女性议员，往往报告说她们经常成为社交媒体的攻击目标。我记得一位女议员曾经说过，她不再佩戴苹果手表，因为她每看一眼时间就会收到一条死亡威胁。

其他知名人士也在恶意攻击范围内，即使是那些不怎么高调的人也难以幸免。另外，几乎所有使用社交媒体平台的人都遭受过网络暴力，甚至有一整套新术语应运而生：如网络喷子(trolling)、网络论战(flaming)、人肉搜索(doxing)、群起攻之(pile-ons)等。

人们认为社交媒体是善良最稀缺的地方之一，我们善良测试研究团队的所有成员对此都不感到意外。毫无疑问，这些平台上的一些内容会令人极度不快，可以说展现了人性最丑陋的一面，但是与生活中其他领域一样，也存在这样一种可能，那就是我们过多关注负面、消极的东西，而忽视了正面、积极的事物。事实上，社交媒体上的许多发帖和交流都展示了人性较善的一面。其实只要我们能自己避免发布那些表达愤怒和仇恨的信息，不再点赞和转发他人发布的此类信息，去关注更有深度的内容，就能够让社交媒体变成更加充满善意的交往平台。

我们不能灰心丧气。要记住,网上看到的观点不一定是对所有观点真实的反映。首先,上网有点像开车,我们坐在汽车里,就像藏在匿名的泡泡中,可以随意地向其他驾驶者发泄怒火。同样,在网络空间中,我们似乎也觉得可以自由地发泄心中的愤怒和不满。此外,有大量证据表明,网络上表达道德义愤(moral outrage)[①]的帖子得到的关注越多,获得的点赞就越多,被分享的概率也会越大,而这就是问题的根源。

耶鲁大学的一个研究团队使用机器学习软件,在推特上实时追踪关于道德义愤的推文。他们在研究了1200万条推文后发现,随着时间的推移,人们表达愤怒的推文获得的点赞数越多,在随后的推文中就会表现得越愤怒。[1]事情愈演愈烈,我们被负面情绪推着走,不再给予深思熟虑后有分寸的回应,而是分享更加极端的观点。

你可以试试剑桥大学社会心理学家桑德·范·德·林登设计的名为"负面消息"(Bad News)的网络游戏,亲自体验一下,满口愤懑之语能获得多少粉丝。你会发现,发帖的内容越极端,粉丝数量增加得越快。[2]这个试验也揭示了某些人在社交媒体上采用的策略,包括制造恐惧、编造权威身份和煽动阴谋论等,以此故意引诱人们帮助他们传播虚假信息。

看到这里,你可能认为范·德·林登的实验是在鼓励人们上网时肆意发泄,会造成不良影响,毕竟他的实验结果表

---

① 大致指人们为他人的非道德行为感到愤怒。——译者注

明，如果想拥有大批追随者，最有效的方式就是传播负面消息。其实他的目的恰恰相反，他想揭露真相，让人们知道自己被玩弄于股掌之中。的确，做过这个试验的人后来都更善于辨识胡编乱造的新闻，并表示他们今后在转发消息时会更加谨慎。[3]

这也说明我们完全有能力抵制那些煽动人们在社交媒体上散布恶意的邪恶力量，尽管我们显然还有很长的路要走。不知大家还记得吗？我一开始就声明，社交媒体充满善意。下面，我就要为社交媒体辩护了。我想告诉你，它并非十恶不赦。事实上，社交媒体上的很多东西都非常好，只是需要人们去发现、欣赏和鼓励。

网络上的日常善举

社交媒体出现前，祝朋友或同事"生日快乐"的方法只限于给他们寄生日卡或花时间给他们打电话。现在有了新技术，一条短信、一张电子贺卡或一个生日祝福动图就可以表达祝福，既快速又简便。如此一来，你在一些重要的日子里会收获更多的美好祝愿。

倘若我们把善良比作一个池塘，这是否扩大了善良之池的范围？某些情况下，善良过去是三维的，现在变成了二维的。真切、可亲身体会的善举被虚拟世界的善举所取代。社交网络方便快捷，这毫无疑问扩大了善良之池。当然你可能说它很浅，更像一个游泳池，而不是一个深不见底的湖泊；你也可能会说，所谓"礼轻情意重"，购买、书写和亲自邮寄一张生日卡和在手机上快速输入"生日快乐"相比，需要做更多的计划，付出更多的努力，当然也更有价值。从这个意义上讲，社交媒体上的善良与现实世界善良的关系，无异于所谓"网络点击行动主义"①与传统行动主义的关系。

然而，这并不意味着这种善良微不足道，甚至毫无价值。如果对帖文发表负面回应的确会给人造成痛苦(有证据表明确实如此)，那么网上的正面回应必会让人愉悦。举个简单的例子，这本书出版前6个月，我第一次在照片墙(Instagram)上发布了这本书的封面，当时有400多人点赞，还有20个人在评论区表示称赞。是的，他们可能只是动动手指，并没有花很多精力。虽然他们没有费尽心思给我写信或打电话，但我仍然非常感谢他们的热情话语和鼓励。不仅如此，如果没有社交媒体，就不会有那么多人对我即将出版的书给予良好的祝愿。从这个意义上说，社交媒体的存在增加了人类善良的总和，它只是简单地提供了一种途径，使人们能更容易地传递善意，营造积极的氛围。

在网络上，最显而易见且充满善意的地方是各种论坛和互助小组。在这些地方，人们向生病、备孕或与恐惧症做斗争的陌生人发送积极的信息，来表示他们的关心和支持。在这些网站上发帖又快又便利，有些帖文可能看起来平淡无奇或多

---

① 指的是使用网络作为影响公众对政治、宗教或其他社会问题看法的行为或习惯。方法包括网站发消息、网络请愿或者群发邮件等。——译者注

愁善感,但它们都是发自内心的,是真诚的。成千上万的人通过这种方式获得了支持,或许这也是他们获得支持的唯一方式,但论坛和互助小组也只是冰山一角。

还有数以百计甚至数以千计的网站宣扬善行,为人们提供机会联系并感谢那些以某种方式给予他们帮助的人。例如,在满心感谢(thankandpraise.com)网站上,你可以给对你有恩、对你有过特殊关照的老师或护士留言,该组织将追踪那些好心人并转达你的感激之情。这个想法很暖心,实施起来也并不难,而它之所以能成功实施,是因为科技的发达。

社交媒体还通过另一种方式促使我们多行善举,即通过聊天应用程序,如瓦次普(WhatsApp)。新冠疫情发生期间,邻里或街道网上互助群起到了重要作用,使人们能够及时请求或提供帮助。从我所在社区的瓦次普交流群来看,只要发送一条消息,群成员就会散发无限善意。只要有邻居说他们的新冠病毒检测结果呈阳性,其他邻居就会立即主动上门提供他们需要的任何东西。

不久前,我在我们社区群里呼吁,是否可以给一位即将分娩的阿富汗难民捐赠婴儿车(我在另一个群里听说了这位母亲的情况),不到5分钟,一位邻居就提供了一辆需要清洁和修理的婴儿车,另一位邻居立即表示会帮忙修理,还有一位邻居则提供了一台蒸汽清洁器。

当然,在有瓦次普之前,良好的邻里关系就已经存在,本地的社区意识业已形成,社区中的人们互相帮助。面对面互动是不可替代的,但很多人也在网上交友,利用信息技术建立起来的联系让邻里之间更富有同情心，强化了社会纽带。随着时间的推移，这些群也会逐步从发生紧急状况时相互帮助的交流群发展成选举宣传群或本地生活群（例如有人会在群里咨询：有人知道上哪儿能找到好的水管工吗）。

社交平台上的微小善举

2020年11月，英国第二次封城的第一个周六，我去一家本地市场买食物，碰见了一位交情很好的同事，他当时被借调去帮助制定防治新冠疫情的最高级别规划。他一直是个聪明开朗、活力充沛的人，但那天他似乎因为压力和担忧而不堪重负。他刚刚看完关于新冠病毒传播的预测，感到很绝望，意识到新冠疫情将持续很长一段时间，而且病毒感染后很难控制，情况会越来越严重。考虑到封城可能还会持续几个月（后来发生的事情大家也都知道了），他的担忧也传染给了我，我也郁闷了。

我们不想这么垂头丧气，于是把话题转移到了其他事情上。那天恰好是乔·拜登当选新一任美国总统的日子，在此之前，他和唐纳德·特朗普两人的竞选异常胶着，特朗普坚持认为自己会大获全胜——这显然不是个轻松的话题。然而，我那位朋友神色为之一振。他说，最近几个星期里，他每天的唯一乐趣就是打开手机，看有关美国大选的搞笑梗图。

他非常爱看一个视频（后来我也喜欢上了），视频中拜登打着邦戈鼓，唱着一首由土耳其歌手演唱的芬兰歌曲，而唐纳德·特朗普则兴高采烈地踩着舞步，双手打着节拍。这时，离奇的一幕出现了，一只大猫出现在屏幕的一侧，随着节拍点着头。这只猫被称为"点头猫"，有很多不同的版本，但特朗普和拜登这个版本是最妙的。如果你还没有看过，我强烈建议你一定要去看看，在网上随便就能搜到。我不知道是否有人通过制作这个视频获得盈利，但无论他们的动机是什么，这个无厘头视频的制作者无疑将快乐传播给了全世界。油管(YouTube)上，这个视频下有个名为金伯莉的用户留下评论，说她哥哥在去世的前几天告诉她，这是有史以来他最喜欢的一个视频，她说她打算每天都看一下这个视频。[4]

这段视频最有趣的地方在于，它打破了美国总统选举过程的严肃和苦涩，既让人觉得可笑，但又不让人觉得恶毒。客观地说，视频里的两位总统候选人都有点笨拙和滑稽。看到这段视频，我由衷地担忧美国的未来，但这段视频还是让人不禁发笑，在社交网络上颇受欢迎。

在新冠疫情发生初期，成千上万的人在网上观看BBC评论员安德鲁·科特的视频，或许你也是其中一员。他在无体育赛事可评论的情况下，把焦点对准了自己的两条拉布拉多犬——奥利弗和梅布尔。他评论它们参加的"狗狗早餐总决赛"，评论它们在树林里散步时谁更调皮。安德鲁·科特是自娱自乐，但这些视频却在大家非常困难的时候，在英国乃至世界各地，迅速地传播着快乐。

你肯定会有自己喜欢的表情包、梗图或笑话，让你开心一整天。我喜欢照片墙上一只鲜为人知的狗，它叫赫伯特，是我同事维多利亚养的一只梗犬。维多利亚特别喜欢给狗配音。当它的鬃毛迎风飘扬时，维多利亚会说："今天的发型真华丽！"赫伯特有154个关注者，并没有在社交媒体上引起轰动，但我一看到它就想笑。无论是大熊猫玩滑梯，还是婴儿看到有人在她面前撕纸时咯咯地笑，这样的内容，社交媒体上到处都是，每一个创作和每一次分享，虽然从某种意义上说是自我宣传，但同时肯定也是小小的善举。

我们如何有效地让社交媒体变得更友善

在社交平台上遭到恶意攻击时该怎么办呢？但愿将来法律和法规能更完善，可以更好地应对威胁、恐吓、骚扰和虚假信息。同时，对于社交媒体上的一些表达愤怒、负面情绪和批评的内容，我们也可以做些什么。我们可以选择只给善意评论点赞，忽略不善意评论；我们可以关注那些发布正面信息的人，取消关注尖酸刻薄的人。参与很重要，但我们不需要与人网上交战，我们可以放大好的信息、杜绝坏的信息。社交媒体上那些满怀恶意、肆意辱骂别人的人与学步期的幼儿一样，故意捣乱、表现差劲无非想引起你的关注，那就不让他们得逞。

还有一个问题就是"阴暗刷屏"(Doomscrolling)，即你一打开手机，就能看到关于新冠疫情、气候变化的各种坏消息，最终脑海里只剩下负面新闻。除非你完全避开新闻和社交媒体（这可能造成其他后果），否则你看到的都是坏消息。消息越糟糕，对你个人的影响越大，你越想去了解更多，最终只会陷入沮丧而不能自拔。当新冠病毒最初出现在我们的生活中时，很多人就经历了这个过程。当你对某件事情感到焦虑时，通常就会查找更多相关的信息，这是正常的反应。假如你要做一个手术，你会仔细阅读手术的相关资料，更加了解它对你会造成什么影响。有时掌握这些知识会让你安心。但在某些情况下，查阅更多信息并不能减少你的迷茫和不安，而会让你的心情更加摇摆不定。近两年来，我每周都会主持两三个关于新冠疫情的电台广播节目，这意味着我长期沉浸于此类信息中。我要阅读每一篇关于冠状病毒的科学论文或新发现，同时日复一日地采访病毒学家和流行病学家。唉，这就是人们常说的，你知道的越多，就会发现你不知道的也越多——这很难让人真正安心。

我有个想法，我们用"善良刷屏"来抵制"阴暗刷屏"，如何？换言之，让自己沉浸在好消息中，杜绝坏消息，会如何呢？吉利安·桑德斯特伦是苏塞克斯大学的教授，也是善良测试研究团队中的一员，他让一组人花了两分钟浏览推特上有关新冠疫情的新闻提要，另一组人花同样的时间浏览新冠推特（covidkind Twitter）网站，该网站记录的都是新冠疫情中那些有关善良的美好时刻，第三组人则什么都不做。接着，桑德斯特伦要求他们填写测量情绪和乐观态度的量表，结果证明，阅读新冠疫情新闻提要的人比阅读善良故事的人的幸福感低多了，尽管那些善良故事仍然涉及新冠疫情。也许这个结果并不出乎意料，却证明了社交媒体对我们的情绪影响有多大，即使我们浏览的时间只有两分钟。

还有一项与此类似的研究，研究人员让一些人花四分钟时间浏览一位油管博主发布的针对新冠疫情负面新闻的视频，例如医护人员缺少个人防护用品，而其他人浏览同一油管博主发布的人们为送货司机留下感谢礼物的视频。如果浏览负面新闻，人们的幸福感就会降低；如果他们看的是关于对送货司机表达善意的视频，他们的情绪量表平均得分就会提高。[5]

如果仅仅花四分钟听别人讲善良的故事就能对我们产生如此大的影响，那么定期接受"善良刷屏"会产生怎样的效果呢？关于这个问题，我们还需要做进一步的研究，但我们可以合理地推测，通过社交媒体传播的阴暗和忧郁等情绪将会被缓解。

我帮你列出了一些善良的行为，省得你上网寻找。

最近一次他人施与的善举
善良测试

- 我女儿洗了所有衣服,因为她发现我看起来很累。
- 机场安检人员让逝者的骨灰顺利登上飞机,并确保我拿回了自己的包,没有延误。
- 丈夫原谅了我,尽管我对他不好。
- 我很喜欢花卉商店里的一株玫瑰,但车上有五个人,没地方放,第二天邻居帮我买了回来。
- 我无家可归,有人收留了我,给我提供食物,还帮我洗了所有脏衣服。
- 在山顶上,我帮一对徒步旅行者拍照片,他们感谢我的好意,我认为他们很善良。
- 一个陌生人帮我在自动售票机上买了张火车票。
- 我的部门经理送了我一束鲜花和几句留言,给了我一个惊喜。
- 我独自参加了一个节庆活动,一对年轻夫妇照顾我,确保我一切顺利,玩得尽兴。

5

Kind people can be winners

第5章

善良的人会成为人生赢家

伟大的俄罗斯作家费奥多尔·陀思妥耶夫斯基在其最著名的一部小说中，明确指出要颂扬"真善美的人"，这部小说就是《白痴》(The Idiot)。

陀思妥耶夫斯基的目标和书名形成反差，很好地总结了有关善良的经典论断（不管是在文学作品还是在日常生活中，都常听到这样的说法），即善良的人总是令人愉快，讨人喜欢，但他们往往也是受骗者和傻瓜。在这个残酷的世界里，他们的善良最终反而会毁了自己。

不得不说，书名中的"白痴"梅什金公爵的结局并不好，陀思妥耶夫斯基试图用梅什金这种善良和单纯的角色证明，人如果缺乏洞察力、不通人情世故，就很难有个好结局。如果书中有人称得上英雄，那么他就是梅什金。然而在小说的最后，梅什金深爱并想保护的女人一个被谋杀，另一个与骗子私奔。而凶手是梅什金帮助过的人，他最终被判在西伯利亚服苦役，刑期15年，而公爵本人最终疯了，被送回到故事开头时他离开的疗养院里。

许多评论家指出，公爵可能心地善良，事实上他除了让每个人（包括他自己）的生活变得更糟外，什么也没做到。善良又有什么用？文学巨著中的其他和蔼可亲、诚实厚道的人，像堂·吉诃德和匹克威克，可能不会像梅什金那样混乱和痛苦，但也显得笨拙不堪，特别容易惹出事端。因此，我们得出的教训似乎就是：如果你天真无邪、忠厚老实，最终就会吃亏。

对此观点我不敢苟同。相反，我认为现在有越来越多的证据证明善良的人并不是傻瓜或失败者。事实上，他们往往是成功的人,是最终赢得胜利的人。

这是因为善良并不代表着软弱或轻信,而是代表着公平、始终如一和值得信赖。善良是充分了解他人,发掘他们最大的潜能,这对任何领导团队或管理组织的人都至关重要。善良是顾全大局,是明白成功不能靠走捷径,更不能靠骗人,而是要在一段漫长的时间里艰苦努力,历经挫折。

三个善良老板的故事(还有另外两个老板)

我在英国BBC广播电台第四台的《意之使然》(All in the Mind)节目中担任主持人,该节目涉及心理学和神经科学,每两年举办一次大奖赛,人们可以提名那些帮助他们度过情绪低谷的人。获得提名的人很多,各种各样的人都有,例如邀请刚刚失去孩子的母亲随时到家里来倾诉的邻居,还有电话商店的顾客(这位顾客与销售助理聊天时得知他曾是篮球运动员,受伤后运动生涯难以为继,生活艰难)。作为评审组成员,我坐在那儿一口气看完了几十个记述极其善良的故事,不时会感动得泪流满面。这份工作恢复了我对人性的信心,再也没有比这更好的事了。从某种意义上说,这是一种善良刷屏。

多年来,获得提名的人包括伴侣、亲戚、朋友、心理学家、护士、医生、同事和老板们……提名老板是最令人感动的,尤其是这挑战了现代生活中对老板角色和个性特征的固有偏见。老板不应该是强硬和无情的吗?他们不应该是只关心工作效率和高业绩的吗?《飞黄腾达》(The Apprentice)和《龙穴》

(*Dragons'Den*)等电视节目告诉我们，如果老板想要事业蒸蒸日上，就必须如此行事，不是吗？但是，这些节目似乎在兜售已经过时的观点。

上大学前，罗莎在一家鞋店里工作。她友好、热情、乐于助人，很受顾客欢迎。她的老板伊恩说，她天生就是干这行的。罗莎上大学后，店里的每个人都很想念她，尤其是伊恩。

但是罗莎的大学生活并不顺利。她开始出现精神障碍症状，认为自己是神选之子，最终依据《精神健康法》第4条被医院收治。罗莎接受了治疗，病情有所好转，但她认为自己已不能回归校园了。于是，她回到了伦敦的家，在原来的鞋店里继续工作。然而生病使她不再像往日那么自信，她不时地会站在鞋架旁无法控制地发抖，或者在向顾客推销时，发现自己呼吸不畅，不得不中途跑开。

她把地下室里的一间办公室当成了避难所。那些日子里，她每天上班时有7个小时躲在这里哭泣，惶恐而不安。这个曾经的模范员工已经成为团队其他成员的负担，成了鞋店里多余的人，至少有些老板会认为，罗莎不适合再留下来。但伊恩没有放弃罗莎，他与她交谈，让她坐下来，直到她感觉好些。他帮助她正视恐惧，下决心帮她重建信心，并坚持让她继续来上班。

20多岁时，伊恩的一位朋友去世了，当时他焦虑不安，多亏了别人的帮助他才度过了那段黑暗时期，他也准备帮助罗莎。渐渐地，罗莎待在地下办公室里的时间减少了，和客户在一起的时间增多了。最终，原来的罗莎又回来了，为鞋店的销售额做出了很大的贡献。伊恩以善良回报罗莎，同时也为他的生意带来了回报。

史蒂夫经营着一家IT公司，安德鲁是该公司400名员工中的一员。安德鲁患有严重的抑郁症，几次想自杀，有时他又极端狂躁，花钱如流水，以致债台高筑。他在工作上非常成功，谈判中的他严谨、执着，为公司签下了近十年来最大的合同之一，但有时他又过于执着，让客户和其他员工都不舒服。

安德鲁被诊断为躁郁症，他非常担心一旦被发现就会失去工作，所以他向同事隐瞒了病情。慢慢地，史蒂夫还是发现了安德鲁的情况，了解到他有严重的心理健康问题。但史蒂夫并没有认为安德鲁是公司的累赘而找借口解雇他，相反，史蒂夫尽一切可能留下了他。

当安德鲁数月不能工作时，史蒂夫仍然保留了他的岗位，尽管按照法律史蒂夫早就可以解雇他了。虽然这给史蒂夫造成了很大的经济损失，但他仍然坚持这么做。安德鲁说，如果不是因为史蒂夫对他施以善意，他就会倾家荡产。史蒂夫之所以这样做，部分是因为善良，但也不是纯粹出于利他主义的考虑。史蒂夫觉得，这也是有商业意义的。

他对我说："等待现有员工恢复健康比招募新人要便宜得多，因为你不知道你招募的新人将来会出什么状况。这也是向其他工作人员传递一种信息，每家公司都会有有问题的员工，只是各自情况不一样罢了。"

2018年，住在爱丁堡的吉莉安陷入人生的低谷，在又一次自杀未遂后，她被送进了医院，精神状况彻底崩溃。她觉得当时简直就是"祸不单行"，她同时患有躁郁症、暴食症和经前焦虑症。

吉莉安出院时，她的会诊医生建议她找份工作，认为工作会帮她好转起来。吉莉安患病前是一名特殊需求教师，考虑到患病后没人会雇用她做这样一份责任重大的工作，于是她在脸书（Facebook）上发帖，说自己是一名退休教师，想找一份行政工作。一家幼儿园联系了她，并为她安排了面试。吉莉安告诉我："已经到这个地步了，也没什么可担心的了，我坦诚告知了一切。"尽管坦陈了全部病史，她还是得到了工作。幼儿园经理娜塔莉说，幼儿园会为她适当调整安排，吉莉安觉得一切都那么好，像做梦似的。娜塔莉信守了诺言，在吉莉安需要时给她放假或减少她的工作量。

吉莉安的朋友和家人都说，他们从来不知道她可以这样快乐。吉莉安说娜塔莉让她获得了新生。幼儿园因为这种慷慨和善良遭受损失了吗？娜塔莉认为没有。她说，吉莉安看起来是个可爱的人，相信她可以把工作做得很好。她还说，为了创造良好的工作氛围，善良待人是应该提倡的，你帮助员工，他们会努力工作，这就是你得到的最好报答。换句话说，善良会让你获得更多回报。

我确实意识到，某种程度上这三个故事中的老板都是不同寻常的，毕竟他们是"意之使然"大奖的提名奖获得者。如果因此建议所有或大多数老板都像娜塔莉、史蒂夫和伊恩那样善待需要帮助的员工,就太天真了。但环顾生意场,你会发现越来越多的领导者认为善良是有回报的。以下就是两个例子。

格雷厄姆·奥尔科特经营着一家培训公司,且很成功,它专门为大型企业提供如何提高生产力的培训。因此,你可能会认为他最看重自己公司的生产力,事实也的确如此,但他不是以牺牲员工的利益为代价——格雷厄姆一直坚持把员工的福利放在第一位。

他的团队成员在生活中经历了各种各样的创伤,以至于格雷厄姆曾经开玩笑说,他的公司肯定遭到了诅咒。后来他意识到,"生活就是这样的"。有段时间,公司里的每个员工都遭遇了家人生病或家里有急事需要解决的情况。因此,现在员工一旦需要休假,立刻就能获批,其他同事就会代劳完成剩余的工作,因为他们知道下一次需要帮助的人可能是他们自己。格雷厄姆甚至允许他的员工每年有少量的"偷闲日",员工们感到悲伤或疲惫时,甚至宿醉后,可以选择无故不来上班,而不会受到任何惩罚,甚至连解释都不用。

詹姆斯·廷普森是一家连锁店的老板,连锁店生意兴隆,提供修鞋、配钥匙等服务。2019年(新冠疫情发生之前),廷普森集团的营业额为3亿英镑,利润超过2000万英镑。然而,该公司崇尚高度道德的经营之道,并以雇用刑满释放人员而著称,还给他们提供重新融入社会所需的培训和支持。刑满释放人员占廷普森公司劳动力的10%,该公司为这一纪录感到自豪。但他们这样做并不完全出于善意,正如他们的网站所说:"我们招聘的绝大多数刑满释放人员都非常忠诚、勤奋、工作效率高，是优秀的同事。许多人得到了晋升，充分把握住了他们的第二次机会。简单地说，招聘刑满释放人员对我们公司大有益处。"

不过，这类老板的存在具有普遍性还是纯属例外呢？现有证据显然无法给出明确的答案。

在善良测试中，当人们被问及他们在哪里最常看到善举时，家庭总是排在第一位，其次是医疗场所，我想大家都会同意它们排名靠前是理所当然的。但接下来是哪里呢？继家庭和医院之后，人们最常看到善行的地方是工作场所，这里也是善良被真正看重的地方。在工作领域内，那些从事社会工作、医疗保健、临终关怀和教育工作的人认为善良是最有价值的，这很耐人寻味，因为常常有在这些领域工作的人告诉我，尽管他们心怀善意，可他们没时间行善，因为工作压力太大。

总的来说，人们真切地感受到善良在工作场合被重视，这一事实的确鼓舞人心，但在其他研究中，结果却不那么肯定。例如，一家品牌战略咨询公司询问了1000名在英国工作的人对善良的看法，只有三分之一的人强烈同意他们的顶头上司是个善良的人，只有四分之一的人认为他们整个组织的领导善良。[1]到目前为止，情况并不乐观。但是，那些认为老板善良的受访者更可能打算在公司里至少再多干一年，同时表示他们的团队工作出色，公司财务状况良好。

我们还不能明确得出结论说，因为老板善良，公司就会做得好。也许这些善良的老板还具备其他技能，从而使公司取得成功。即便如此，也有积极的迹象表明善良是必要的。与这家品牌战略咨询公司合作的领导,从手提包设计师安雅·希德玛芝到萨默塞特警察局的局长,都坚持认为友善待人会使员工在工作中表现更出色,参与调查的员工中有96%的人表示,在工作中保持善良对他们来说很重要。

诚然,肯定仍有许多老板通过采取无情的商业手段和迫使员工拼命工作获得成功。在很多工作场所里,员工几乎没有自主权,被迫接受低薪和零工时合同,但值得指出的是,这并不是企业成功的唯一途径。更善良的商业模式越来越受到欢迎,原因之一就是新的领导群体更年轻化,包含更多女性、更多来自不同背景的人。他们都不太喜欢旧的、大男子主义的管理风格。我们会在第7章中讲到,变得更善良的重要途径之一就是善待自己,这种观点正在商业领域传播,颠覆了只有通过长时间、专心致志、无怨无悔地工作才能取得成功的信念。

例如,惠特尼·沃尔夫·赫德是位白手起家的女亿万富豪,年仅31岁就加入一个会员制俱乐部。她经营着约会交友应用软件"大黄蜂"(App Bumble),该应用软件让女性决定是否要和相亲对象见面。她说她曾经是一个工作狂,每隔两小时就会醒来查看收件箱,但在接受BBC的节目《首席执行官的秘密》(CEO Secrets)的采访时,她说她现在会把更多的时间留给家庭和朋友,从而更好地生活。"我希望我刚刚工作那会儿有人能告诉我,不要对自己要求太苛刻了……工作是充满惊喜的,获得成功是非常有意义的事情,但如果你忽视了最重要的事情,最终会一无所有。因此,无论你每天有多忙碌、疲惫、压力多大,都一定要抽出时间给祖父母打个电话,给老朋友打个电话。"

善良并非软弱

我必须再次强调，做善良的老板并不意味着软弱。从前面的那些例子里，我们看到经理允许员工请假，但那是在特殊情况下（特别是当员工患有精神疾病时）。老板们之所以这样做，是因为他们精打细算，知道未来这些员工会以努力工作来回报他们的慷慨。在天气晴朗的下午给员工放半天假，或者尽管销售下降，还给每人发一大笔圣诞奖金，这些都可能会使公司陷入困境。相反，一个善良的老板需要创造一种工作氛围，使员工能从他们的工作中获得最大的收益，给他们自由，让他们以最适合自己的方式工作。因为无数的研究表明，更大的自主权会带来更高的工作满意度，而更高的工作满意度会带来更高的生产力。

在每年为庆祝世界善良日而举行的友好节 (kindfest) 上，作为许多企业（包括电影界）的战略顾问尼古拉斯·德·沃尔夫告诉观众，如果善良被认为具有破坏性和损害性，那么CEO们有理由抵制它。他说："我需要说服他们，这是生存的垫脚石，而不是负担或挑战。"他说，"善良肯定不意味着让每个人懈怠"。

善良的确意味着真诚的慷慨和对他人的体贴，意味着创造一个让人人都感觉到相互依存的氛围，相应地，人们的工作会更加快乐。[2] 善良的另一个重要方面是让每个人都感觉在为一个共同目标工作，这可以提高员工的积极性，使员工对公司产生忠诚感。相比之下，给员工施加越来越多的压力并不能提高业绩。企业应该允许善良的领导者放弃那些无用的人际关系——有最终解雇员工的权利，但他们也应该为员工创造一切机会来提高业绩。他们不仅关心他人，而且也会为了自己和组织的利益挺身而出。

说到相关证据，这方面的学术研究大部分是全新的，是一个被称为"领导伦理"的研究领域。对业界中的某些人来说，"领导伦理"这个词似乎比"善良的领导"更容易接受。

这要求领导者对他们的员工抱以高度的信任，这相应地又提高了凝聚力，同时也不会有人觉得不能提出任何异议。员工在给伦理型领导的所谓五大人格因素打分时，其中两个因素得分很高，而这两个因素与善良联系得最为密切，即合群和敬业。[3]这两种品质都不错，但它们到底管用吗？2013年的一项研究表明，答案是肯定的。

乔·福克曼是美国的一位心理测评专家，他研究了5万多名领导者的360度反馈评分，发现更讨人喜欢的领导往往也会被员工认为更高效。他把自己的研究称为："我是老板，我为什么要在意你是否喜欢我呢？"[4]答案是如果想成为优秀的领导，他们应该在意，而且要非常在意。事实上，福克曼发现，喜欢度得分低而效率得分高的情况非常罕见，只有两千分之一。他的团队在数年研究中持续收集数据，在我的BBC系列节目《善良的剖析》中，福克曼重新进行了数据分析，这次对超过10万名领导进行了评分。结果显示，不讨人喜欢但还了不起的老板，已经越来越罕见了。福克曼还表明，讨人喜欢的领导在一系列评分中得分更高，其中包括盈利能力和客户满意度的得分。

其他研究表明，伦理型领导会营造更积极和协作的工作氛围，而且至关重要的是在这样的氛围里员工的表现会更好。[5]这种领导风格的另一个优点是，它不需要很高的个人魅力，也不需要具备外向性人格，而如果不是与生俱来，这两种特质是很难后天习得的。这意味着不管什么性格的人，都有机会成为优秀的领导者。

心理学家迈克尔·布朗深入研究了伦理型领导，发现当领导的行为符合道德规范时，员工更愿意对重要问题发表意见，更愿意承担风险，而不是故步自封。[6]伦理型领导会鼓励他们的员工形成这样的意识，即为公司工作不是纯粹的经济交易，而是一种共同奋斗的过程，鼓励员工更加努力工作一起取得更大的成功。话虽如此，成为理想的伦理型领导，要求还是很高的。迈克尔告诉我，他们要有原则、谦虚、乐于接受反馈，并为他人树立榜样。当然，也需要一定的管理组织能力。

心理学范畴中的社会学习理论一再证明，我们经常会模仿别人的行为。因此，如果老板表现出善良和体贴，那么公司上下都会效仿。为了证明这一点，著名的社会心理学家乔纳森·海特完成了一项研究。他邀请一家制造木门的意大利大型家具公司的员工填写匿名调查问卷，然后将问卷放入接待处的盒子里。调查问卷里虚构了一位名叫马西莫·卡斯特利的老板的故事，他最近负责管理一家大理石和花岗岩公司。乔纳森让员工们想象他们在为这家虚构的公司工作，但担心工作不保，因为许多客户已经开始从价格便宜的竞争对手那里购买产品。这个故事有四个版本，在第一个版本中，卡斯特利先生不再向他的经理和员工通报他的决定，很少召开会议，而且很不友善。第二个版本，除了试图为自己寻找新的工作机会，他不再对改变现状做更多努力。第三个版本，他的大门始终敞开，非常公平地对待每一个员工，并希望他们在公司困难时保持耐心。第四个版本，他给自己减薪，甚至把私人的钱投到公司，努力挽救公司。[7]

受访者表示第四个故事让他们感觉要更加利他和谦恭，让他们愿意为虚构企业的未来发展做贡献。对此，你不会感到惊讶。如果这种感觉可以转化为为困境中的公司做出更多实际性的工作，公司生存下去的可能性就会更大。因此，卡斯特利先生的方式不仅是善意的，而且是明智的。

当然，这是个虚构的例子。那么在现实生活中会发生什么呢？为了继续研究下去，海特和他的团队去了意大利帕多瓦市附近的一家公立医院，悄悄询问护士们关于他们上司的问题。上司们会为团队挺身而出吗？他们做事公平吗？他们会牺牲自我吗？当得到的答案是肯定的时，护士们感受到了海特所描述的"道德的提升"，他们更多地报告说，渴望为别人做一些好事，像他们的老板一样，成为一个更好的人。

当然，善良也可以传递给客户和顾客，并产生类似的积极效果。我很幸运地知道一家当地的自行车店，那里的人不会因为我不知道如何修理自己的自行车而对我横加指责(这种情况在其他地方曾经也发生过)，他们友好、善解人意，更有甚者，有时还会帮我快速修理并不收取费用。我现在很喜欢去这家店，我想买东西，比如挂篮、自行车灯或新头盔时，不会在网上选购，而会去这家店直接购买，尽管他们的价格会高些。当我有一天需要买辆新自行车时，我的首选也是这家店。有时花两分钟帮我修理座椅或补胎，自行车店也会少收5元、10元，他们赢得了一个忠实的客户，在未来几年里，它的收益将远远不止于此。

总而言之，各种证据表明，在商业界做个善良的人并不会阻碍其成功，事实可能恰恰相反。最近的一本畅销书却让我有点犹豫不决了。这本名为《职场女神随身手册》(Nice Girls Don't Get the Corner Office)的畅销书中提到，女性要想获得成功，就需要手段强硬。因此，作为一个因男女同薪不同酬、董事会成员男女比例失衡而感到愤怒的女权主义者，我担心建议那些想成功的女性在工作中更加善良，可能会被误解。

心理治疗师、无情的同情研究所的创始人马西娅·西罗塔博士在《是善良，不是好心》(Be Kind, Not Nice)一书中写道，人们有时会变得热衷于取悦他人，为此不惜做任何事情，但最后却很沮丧，因为他们并没有如愿以偿，他们的努力也没有得到回报，别人开始把他们的好心当成理所当然的事情。对女性来说，尤其是如此。我认为，部分原因要归结于女性的成长方式和在学校里所受的教育。

劳伦·科里经营着一家名为阔步（Stride）的领导力发展公司，专注于帮助女性在职场中取得成功。她始终相信，善良可以带给女性"无形的竞争优势"。不过，她区别了善良和好心，认为往往是女性的好心而不是善良，被人当作武器来对付她们。

谈及这个话题时，我们经常需要区别好心和善良——人们往往说好心最终没有好报。马西娅·西罗塔认为，好心是不真诚的，因为人们这样做只是为了赢得他人的认可。她说，好心可能会导致人们不断讨好他人，希望避免冲突，因为害怕造成失望或被拒绝，这又会让别人认为你的好心是为了寻求关注，导致他们把你当作受气包。相比而言，善良的人被爱是因为他们天性如此。马西娅说，他们行善时不会让人觉得有附加条件。

我不确定两者的区别是否如此清晰。我认为善良和好心是相通的。举个明显的例子，帮助别人捡起他们掉落的购买的物品，这种行为既是好心的也是善良的。但是马西娅和其他人认为，善良的行为可以在不获取赞许的情况下发生，但不会因为温顺或软弱而为之。善良的老板不会允许一个人偷懒而让其他人承担工作，因为从长远来看，这对其中的任何人都是不善良的行为。善良可以公平合理地推进不快的对话和艰难的决策。表现善良不意味着总把他人放在第一位。在善良的工作场所里，每个人都感到被重视和公平对待，老板是不会不敢面对大家的。

除了践行善良，好的领导还需要宣扬善良。迈克尔·布朗发现，伦理型领导要对员工产生真正的影响，就得有显而易见的行动，老板仅仅在与人交往中表现道德是不够的。换句话说，领导需要明确善良的重要性，并将其作为企业文化的重要组成部分反复宣扬。恕我直言，善良需要成为"品牌"的一部分。

现在，我可能已经说服你了，你也赞同当工作进展顺利时，保持善良是有用的。但万一工作不顺呢？有时，老板不得不做出一个令人不快或不受欢迎的决定，至少部分员工不喜欢这个决定。领导可能希望在任何时候都受员工欢迎，但这很难实现，甚至可以说并不现实。好人马西莫·卡斯特利可能愿意给自己减薪来挽救下滑的生意，但有时公司要生存，冻结工资或裁员是必要的。有时，某一员工工作表现很糟糕，另一员工的业绩很糟糕，他们必须被解雇，这样做至少善待了其他同事。在这两种情况下，老板想逃避现实而不打电话通知员工被解雇的消息，就是不善良。在这种时候，好的领导行事必须透明、客观、公平和果断。

我的一位朋友好几次解雇员工，他甚至说解雇人是一种善行。他解释说，业绩不佳的人往往是由于他们不能胜任现在的工作，因此解除他们现有的职务，可以让他们有机会在其他地方找到更适合他们的工作。还有些时候，团队中的其他成员不得不承担某个同事的工作，因为这个同事始终无法胜任工作，处理此事的经理可能不受这个同事的待见，但他却帮助团队中的其他人摆脱了不利的局面。

心地善良的铁人三项运动员、道德高尚的足球运动员和体贴入微的外国记者

本章至此，我主要关注的是商界，但精英体育是另一个残酷的竞技场，在这一领域内，争取第一似乎是获胜的唯一途径。总的来说，这个观点也是对的。如果你在决赛最后一分钟有机会通过点球来获胜，你肯定不会出于善良而故意将球射偏。你要毫不犹豫地把球踢进球门，尽管对手会因此而心碎。这种时候没必要那么善良！

然而，即使在体育运动中，也有一些善良和自我牺牲的例子，其中竞赛者以不同的方式成为赢家。迭戈·门特里加是一名优秀的铁人三项运动员，这意味着他身强力壮，能够参加高级别的残酷赛事，但这并不意味着他就不是一个善良和体贴的人。

2020年9月，一个事件引起了全球关注，门特里加善良体贴的一面被展现无遗。当时，铁人三项赛在他的祖国西班牙举行。比赛中，门特里加排在第四位，紧跟在英国运动员詹姆斯·特格尔身后，在离终点线只有100米时，特格尔跑错了道，门特里加后来居上，有望获得铜牌，但他没有这样做，相反，他放慢了速度，让特格尔追上并超过了他。门特里加后来解释说，他这样做是因为特格尔"理应获胜"。

这是多么美好的事。我已经说过，善良的人会成为最终赢家。你觉得门特里加是失败者吗？如果仔细思考，就

不会有这样的想法。如我所说，他的善举引起了全球的关注，不仅提升了自己的知名度(当然，我们不知道他是否喜欢以这种方式出名)，也提高了他在体育界的知名度，他欣然接受了这一切。铁人三项赛由西班牙桑坦德银行(Santander)赞助，我相信围绕着门特里加行为的宣传让他们乐不可支，也许已经决定要继续赞助比赛。甚至有报道说，比赛组织方授予门特里加荣誉铜奖，还与特格尔一样，获得了300欧元的奖金。[8]因此，尽管门特里加在这场比赛中没有赢得铜牌，他却在其他方面收获良多。

这件事可能会让你想起另一个更著名的例子，同样是发生在铁人三项赛中的善举，这次是兄弟友爱的例子，尽管两兄弟在所从事的运动中是激烈的竞争对手。

2016年，铁人三项世界锦标赛在墨西哥举行，乔尼·布朗利尾段领先，而且距离终点仅剩700米。取得这场比赛的胜利，乔尼将获得世界冠军。但就在此时，他突然站立不稳，摇摇欲坠，当地极端炎热和潮湿的天气让乔尼的身体明显不支。

乔尼的哥哥阿利斯泰尔此时处于第三位，但他放弃了获胜的机会，抱住弟弟，拖着他往前跑，推着乔尼以第二名通过终点，这期间另一位参赛者反超并获得了冠军。

乔尼与世界冠军失之交臂，而阿利斯泰尔最终排名第十，但是从长远来看，谁是这一事件中的最终胜利者呢？那一年的冠军是马里奥·莫拉，但他却不认为自己是胜利者。他说，阿利斯泰尔的善良让他的成功黯然失色，他并不想以这样的方式获胜。我认为，真正的胜利者是阿利斯泰尔·布朗利，他获得过两枚奥运金牌，曾两次获得铁人三项世界冠军，四次获得欧洲冠军，但这次却是他最高光的时刻。

我在本节开始提到了足球，人们普遍认为足球是奖励不惜一切代价的"流氓心态"的运动。至少前不久，这项运动最佳经理人的典范还是亚历克斯·弗格森爵士，他因给表现不佳的球员进行"电吹风管理"①而闻名，若泽·穆里尼奥的招牌是狂傲不羁的感召力和振奋人心的激励技巧。然而，在2020年欧洲杯上（受新冠疫情影响，延迟到2021年才举行），一种与众不同的足球理念大获成功，即使该队没有成功地在决赛中取胜。

英格兰足球队主教练加雷斯·索斯盖特是个说话温和、沉着冷静的人。他似乎很关心球员的心理健康以及他们在球场上的状态。他倡导善良的团队文化，马库斯·拉什福德等明星球员因此找到了发挥的空间，他们对一些社会问题发表坚定的看法，并公开采取行动。以拉什福德为例，他呼吁帮助贫困儿童，主张学校在假期里也应发放免费校餐。索斯盖特支持球队的决定，在每场比赛开始时单膝着地，以此反对种族主义，尽管他们被一些球迷喝倒彩

---

① 亚历克斯·弗格森爵士经常因为球员在场上表现不佳而对球员暴跳如雷、狂暴怒吼。他吼叫时用的力气巨大，球员们说感觉就像被电吹风吹过一样，这种管理方式也因此被称为"电吹风管理"。——译者注

甚至辱骂。在2020年的欧洲杯决赛中，他的球队在球场上彰显善举，球员用人墙将刚刚因罚丢点球而使英格兰队错失欧洲杯冠军的年轻黑人球员围了起来。其他球员们意识到这位球员随后会在社交媒体上遭受惨烈的种族主义者的辱骂，使用身体挡住了人群和摄像机。索斯盖特也勇于说出自己看重善良这一品质，他为自己的书起名为《一切皆有可能——勇敢、善良、追寻梦想》(Anything Is Possible: Be Brave, Be Kind and Follow Your Dreams)。

体育心理学家迈克尔·考菲尔德描述索斯盖特的理念包含了"同情、善良和理解"。"他极具竞争意识，可能冷酷无情，但这些并不会阻止你行为正派。此刻，他给人们上了一堂关于正派的课。"[9]

就像我所说的，英格兰最终没有赢得锦标赛冠军，但这是他们数十年来最接近成功的一次，球员们在此过程中揭示出即使是在竞争激烈的足球场上，也存在另一种成功的方式。马库斯·拉什福德在自己的社交平台上写道："永远记住，善良就是力量。"

善良可以培育团队精神，与之相反，无礼则会减弱同事之间的信任，让我们丧失积极性。这些影响可能很小，老板们甚至都没能注意到，但它们举足轻重。假如你是个善良的人，那么在工作中你会执行"组织公民行为"。这些心理学术语可能听上去很复杂，简单来说，就是你会在打印机坏了后及时上报，而不是让另一个倒霉的人来发现打印机坏了；你会给植物浇水，助人为乐。这些你替同事做的小事情解决了问题,使每个人的职业生活更顺利。但是,我们一旦感到没有被公平对待,同工不同酬、工作不被欣赏或者老板行事不端,就会停止这些行为,我们不再处理坏掉的打印机,因为会觉得不值得。

我要再一次强调,善良会传染,而不友善也会滋生不友善。

关于组织公民行为,目前全世界已经完成了几十项研究,这些研究为我们提供了一个窗口来了解工作中善良行为的影响。

2009年,亚利桑那大学的研究员内森·波德萨科夫对涉及5.1万人的150多项不同研究进行了荟萃分析,证明组织公民行为具有真正的影响力[10],远不止仅仅是培养友好的气氛。这样的善良行为发生的频率与工作表现、生产力、客户满意度和效率呈正相关。在缺乏协作精神的公司,缺勤率会增高,更多的人会考虑离职,因此善良真的很重要。

向蒙塔古夫人学习

我们再来看看人称最残酷的职业领域——政治领域。难道它一定是个毒蛇窝,是不容许正派和善良存在的地方吗?仔细思考一下,即使在政治领域中,也有研究表明做个好人也会有好报的,我所说的好人,事实上却是个好女人首先认识到了这点,她就是杰出女性玛丽·沃特利·蒙塔古(请查阅她的资料,她值得我们了解更多)。蒙塔古夫人很早就关注到:"礼貌无须代价,却能买到一切。"现在这句话被称为"蒙塔古原则"。简单地说,该原则表明行为不端会让人在政治上无法取得成功,至少从长远来看确是如此。

那么,是否所有政治家一直都在遵守"蒙塔古原则"呢?当然不是,但即使是最不守规矩的政客,也会点头赞同。例如,美国某前政要可能认识到许多政治研究表明,负面竞选往往会适得其反,它为你赢得关注,但不会让人喜欢你,更重要的是不会有人投票给你。也许他应该听从自己的建议,那样就不会落选了。

学者杰里米·弗里默分析了美国国会议员于1996—2015年在会场辩论中使用的语言。在研究中,他指出,议员们在众议院演讲时若不讲文明,他们的支持率就会下降,而当他们礼貌大方时,支持率就会上升。那些较文明的政客显然颇为精明,因为较高的支持率促使他们表现得更有礼貌,从而使他们的支持率进一步提高。[12]

弗里默发现,当特朗普举止粗鲁或充满仇恨时,他的反对者会更加否定他,这也不足为奇了。但是更引人关注的是,他的支持者中极少有人会主动为那些低俗推文点赞,但也没有因为那些推文而放弃对他的支持,他们继续支持特朗普,尽管他的举止不文明,但不是因为他不文明而支持他。有个有趣的例子,这些支持者表示,当他们的特朗普被记者攻击时,他们更希望他转换话题,而不是攻击记者。

与特朗普完全相反，新西兰总理杰辛达·阿德恩在她的《我知道这是真的》(*I Know This to Be True*)一书中写道，在支撑她成为新西兰总理的全部品质中，最重要的品质就是善良。"我认为政治领导生涯最悲哀的事情之一是，人们长期以来过于强调果断和强硬，因此很可能会认为善良、同情心等品质一无是处，然而当你认真思考在这个世界上你面对的所有重大挑战时，就会发现善良是我们最需要的品质。"

阿德恩说，我们的领导需要能够同情他人的处境，也同情下一代人的处境。她说，我们不能只专注于成为政界最有权势的人。她为她富有同情心而感到自豪，因为她相信可以"既富有同情心又手段强硬"。

当然，和其他地方一样，新西兰也有自己的问题。阿德恩绝不会被所有人喜欢，但以任何标准来衡量，她都是一位成功的领导人，尤其是她领导新西兰成功抗击了全球性的新冠疫情。新西兰只是一个小小的岛屿国家，在地理位置上远离世界其他大部分地区，对付新冠病毒自然会比一个大国来得容易些，但是仍然与特朗普领导的美国在应对新冠病毒上所采取的灾难性处理方式形成了鲜明对比。

2009年，比利时公众被问到理想的政治家应具备哪些品质时，与善良相关的品质呼声很高。责任心被视为最重要的品质，亲切位列第二。当同样的研究人员研究更细致的个性特征时，发现对一个政治家来说，与上进、克制或"沉稳和优雅"相比，友善得分更高。马基雅维利主义（权术主义）排名靠后，接近末尾，甚至在左翼选民中更不受欢迎。[13]

此类研究总是这样，得出的肯定是暂时性的结论，研究并没有表明在任何时候所有政治家都具有极受欢迎的品质——善良。看看弗拉基米尔·普京、贾伊尔·博尔索纳罗和罗德里戈·杜特尔特等政治家，他们都是铁腕人物，很受广大选民的欢迎，但也有一些较温和、较富有同情心的政治家，请原谅我要强调大多数是女性政治家，她们的存在证明还有不同的方式获得政治上的成功，例如杰辛达·埃亨、安格拉·默克尔和尼古拉·斯特金。

菲尔赢得漂亮

本章以经典文学作品中的例子开篇，最后，我想用电视喜剧《摩登家庭》(Modern Family)作为结束的文字。这是一部经典合家欢连续剧，从2009年一直播到2020年，颇受观众欢迎。这部剧关注了三个不同家庭的生活，这三个家庭还有着千丝万缕的联系。第一个家庭的丈夫是个白人老头，有个年轻的拉丁裔妻子，和他们的两个儿子一起生活。第二个家庭是由两个白人男子和他们收养的越南女儿组成的。而第三个家庭是一个典型的寻常家庭，成员有爸爸、妈妈和三个孩子。

第三个家庭中的父亲叫菲尔·邓菲，一个老好人，有点书呆子气和蠢萌，内心是个大男孩。相比而言，第一个家庭中的父亲杰伊·普里奇特，也就是菲尔的岳父，是一个脾气暴躁、不苟言笑、头脑冷静的商人，总认为自己能做成最好的交易。他对菲尔相当不屑，认为菲尔是个弱者。

最近我看了第六季，在其中一集里，菲尔对他自恋的大女儿海莉做出了典型的善良之举——为庆祝她21岁生日买了一辆车。车买得很划算，但当杰伊听说这事后准备横插一脚，他认为菲尔面对汽车经销商时太软弱、太好说话了，所以可能会上当。他打算在谈判中姿态强硬，坚信自己会胜出。

在很多好莱坞电影中，结果可能会如杰伊所愿，但这一集的剧情更符合现实——杰伊的方式导致最初的交易失败。菲尔更信任别人，更愿意与人合作，这才是上上策。最后，一切问题都愉快地解决了，海莉也得到了她的新车。这个节目传递了一个让人心情愉悦的信息，即有时诚实友善而不是硬碰硬可以让你用划算的价格获得一辆新车。换句话说，善良的人获得了最终的胜利。

最近一次施与他人的善举
善良测试

- 我帮一位年轻的母亲抬着婴儿车走过一段非常泥泞的道路。
- 我5岁的孙子收集了各种不同类型的石头,我帮他仔细整理。
- 我昨天为阿富汗难民买了些新衣服。
- 早上散步时一只狗撞到了我,弄脏了我的衣服,主人非常抱歉。我和狗的主人好好聊了会儿,想让他感觉好些。
- 我开车送人去海滩(我讨厌海滩)。
- 我把自己种的西红柿送了些给邻居——之前和她吵架了。
- 我在俱乐部里和一个孤独的人聊天,她说我让她很开心。
- 一个好朋友大小便失禁,我帮她清洗。
- 我哥哥有躁郁症,独居,说他的床垫很硬,睡得不好。我为他买了一个记忆海绵床垫套。
- 我由衷地赞美酒馆花园里的一条乖乖狗。

6

Kindness comes from seeing other people's points of view

第6章

理解他人的观点
也是一种善良

"阿蒂克斯，他真的是一个好人……""斯库特，当你最终了解他们时，你会发现，大多数人都是好人。"哈珀·李的《杀死一只知更鸟》(To Kill a Mockingbird)是出版史上最受欢迎的书之一，这段对话便是出自该书的结尾。阿蒂克斯·芬奇一直在给他的女儿斯库特讲一个故事，故事的主角叫斯通纳，一个被人误解的男孩。显然，这部小说的读者都知道，男孩斯通纳其实是芬奇家的邻居布·拉德利。

布生活在阿拉巴马州的梅岗城（小说虚构的地点），许多人都觉得他是一个古怪的隐士，因此对他充满怀疑和敌视。在这种普遍看法的影响下，芬奇家的两个孩子杰姆和斯库特编造了关于布的可怕故事，并认为他杀害了别人家的宠物。一开始，他们都没有花工夫了解布这个人，也没有从他的角度换位思考。但随着小说故事情节的展开，杰姆和斯库特开始同情布，发现他实际上很善良，而且一直在保护他们。

斯库特和杰姆之所以能真正认识布，部分原因是他们的父亲阿蒂克斯给他们树立了一个伟大的榜样——阿蒂克斯是小说中最善良的人物之一。他能看到每个人身上的优点，在他眼中，就连杜博斯太太或恶人鲍伯·尤厄尔这样的种族主义邻居都有优点。事实上，就像该书第四章中的米希金王子一样，阿蒂克斯的天真慷慨有时到了不顾一切的地步，甚至让自己的孩子置身险境，他是如此坚定地想要看到人们身上最好的一面。总而言之，他的善良观赢得了胜利，哈珀·李小说的中心思想也很明确：如果我们以阿蒂克斯为榜样，对待他人更加宽容和富有同情心，我们就会因此受益。

我相信大多数人都会同意这个观点，但自从《杀死一只知更鸟》于1960年出版以来，我们从他人的角度看待问题的意愿似乎不增反减。被社交媒体夸大的公共言论表明，我们越来越固执，观点也越来越两极分化，甚至只关注那些持有不同观点的人，以便找准时机对他们进行谩骂和诋毁。威廉·哈兹里特是一位19世纪的作家，他明智地指出："如果栏杆能让这个世界变得更美好，它早就被改造了……最严重的错误在于缺乏良善，而动不动就用'无赖'和'蠢蛋'等词语辱骂别人是不能解决问题的。"[1]但我们似乎没有领悟到个中真意。

　　实际上，在日常生活中，周围人的宽容和同情可能比我们想象中的更多。我当然希望这是真的，因为我坚信阿蒂克斯的观点是正确的：当你最终了解一个人时，你会发现，大多数人都是好人。不过，这只能说明实际上我们很难做到真正了解他人，重要的是，我们应学会抛开自己的偏见和立场，从不同角度理解他人的观点。

移情（同理心）很重要

　　著名心理学家大卫·坎特不仅开发罪犯侧写方法，还研究犯罪动机。报纸头条记者有时称他为"真正的破案者"，他就像20世纪90年代的一部电视剧中的法医心理学家，这一角色由罗彼·考特拉尼扮演。不为人所知的是，坎特教授也做过善良课题的研究，对该领域的贡献包括将善良分为三种：良性容忍、移情反应和原则性行动准备（故意触发善举）。本章将重点讨论第二种善良类型——移情反应。

正如我在序言部分所说的，学术界对某些术语的确切含义争论不休，对于"移情（同理心）"的讨论也是如此。为了使研究进一步具体化（或丰富化），移情一词本身可以细分。首先是"认知移情"，即试图理解他人的思维方式，从而了解他们的想法、愿望、知识、信仰、感知或意图。你可以通过这个过程（心理学上也称为"心智化"）试图明白他人的想法和感受，实际上你并没有以同样的方式对其进行思考和感受。然后是"情感移情"，即更加发自内心地理解他人的感受，见证他们的情感痛苦或喜悦，至少在某种程度上做到感同身受。

如此说来，这两种似乎是完全不同的移情反应——前者比较冷静、理智，而后者比较感性、情绪化。但在日常生活中，我们一般不会明确区分认知移情和情感移情。例如，如果我在深夜的火车上看到一个年轻女子独自哭泣，我可能会认为她刚和同行的人吵了一架或被同行的人抛下了。我理解她的处境，因为我也曾经历过——在这一点上，我可以感受她的痛苦。但我当下的处境和她的不同，所以我无法完全感受到她此刻的痛苦。哈佛大学心理学家、作家保罗·布鲁姆认为，移情应分为不同层次，而不是分为不同类型。当我们表现出同理心时，我们会无意识地在各层之间不断移动，而不是机械地从认知移情切换到情感移情。人只有在极少数情况下才能完全区分他们所调度的移情类型，精神变态的施虐者属于一种极端的情况，这类人能够进入受害者的思想，从而残忍地操控受害者,但与此同时,变态施虐者无论如何都感受不到他们给受害者施加的痛苦。

神经科学研究表明,大多数人(精神障碍患者除外)在经历身体痛苦时或看到他人遭受痛苦时都会有类似的神经活动。德国心理学家塔尼亚·辛格是该领域的领军人物之一。在一个典型的实验中,她用脑部扫描仪扫描志愿者的大脑,然后用针刺他们(当然必须事先得到他们的准许),之后给他们观看其他人被针刺的视频。无论是亲身经历痛苦还是代入他人痛苦,大脑的两个特定部位(前脑岛和前扣带皮层)都容易被激活。[2]另外,当人们产生感动情绪或看到他人产生感动情绪时,无论是亲身体验某种强烈的情感,还是看到他人产生某种强烈的情感,大脑都会出现类似活动。这说明,我们的大脑能够让我们在情感上感受他人的感受。如果看到他人受苦,我们就可以通过想象自己处于相同境地而感受到他们的痛苦。如果遭受痛苦的人与我们存在某种关联,比如支持同一支足球队,那么这种影响会特别明显,因为我们和这些人属于同一个群体。[3]

大多数人都有强烈的同理心,所以当我们发觉他人明显缺乏同理心时,我们很快会产生一种压力感。事实上,在实验条件下诱发压力有一种常用的方法:让一组志愿者面无表情地坐着,而另一名实验参与者会向他们提问,为什么认为自己是一份工作的优秀候选人。这就是所谓特里尔社会压力测试。

研究助理会在测试开始前告诉"求职者":"你们有5分钟的发言时间。"但他不会给求职者任何准备的时间,会紧接着说道,"请进入面试间。你的发言从现在开始计时。"[4]

同时,面试官小组也收到了相关指令。"任何情况下,你们都不要做出任何动作:不能点头,不能抽动,当然也不能微笑。不要做出理解或听懂求职者发言的任何暗示。"这是一种非常刻意、不符合常理的行为方式,甚至面试官小组成员也觉得这种做法执行起来有一定的难度,需要经过训练才能达到要求。一旦达到要求,便开始进行测试。整个过程都有摄像机记录,这也会增加求职者的紧张感。结果很明显,面对面试官小组的求职者会感受到巨大压力。他们根本无法应付面试官毫无同理心的情况。[5]

在现实生活中,有许多情况与特里尔社会压力测试相似,尽管可能不那么极端。想想单口相声演员,特别是预热阶段的表演者,他们拼命地想让那些一心只等着主角上台的观众发出笑声。再比如某人"突然消失"的情况——与你约会了一段时间的人在没有任何预警或解释的情况下突然和你切断所有联系。被人抛弃已经很糟糕了,但如果是被一个你自认为相处得还不错的人突然抛弃,你就会更痛苦。所幸大多数人不会用这种方式对待他人;相反,我们可以从人与人之间的互动中得到很多反馈,而这种相互理解也能给我们带来一些安慰。

新冠疫情发生期间,许多人不喜欢居家办公,原因之一就是线下会议不得不改为线上会议。以前在会议室里可以看到同事们生动的表情和善解人意的微笑,但如今只能通过屏幕看到他们无动于衷。2020年和2021年,我的所有公开讲座都是采取线上模式。在开讲座的过程中,我似乎是在与没有任何反应的假观众交谈，为了应对这种枯燥体验，我不得不用相机抓拍一些观众的面部表情，然后选出笑容最灿烂的照片，即使只是一张静态的微笑人脸照片，看着这些生动的表情，我才能避免特里尔社会压力测试中的情况意外发生在自己身上。

我们最早在幼儿期就开始应对他人缺乏移情反应的状况。婴幼儿看到父母冷漠、面无表情往往会立即做出痛苦反应，因为他们期待的是微笑和轻柔低语。就像我们希望得到别人的理解，讨厌面前的人似乎不理解我们。我们往往喜欢与理解自己的人建立更亲密的关系，同时通过这种方式学会理解他人的想法和感受，也向他人表示理解。同理心的良性循环由此产生并循环下去。

但这是理想情况。有时这种循环也会出现偏差，而出现偏差时，我们通常需要外界的帮助才能理解他人。

皮特·冯纳吉教授是一位精神分析学家和心理治疗师，他开发了一种以心智化为本的心理疗法（Mentalisation-based treatment, MBT）。MBT适用于那些不善于人际交往、往往不信任他人、难以看懂他人反应的人群。研究发现，这些人的关注点在于他们自己生活中的难处，因此他们首先需要加深对自己的理解，但更重要的是，加深对他人的理解。冯纳吉教授认为，要真正善待他人，必须能够从他人的角度看待问题，但有些人很难做到这一点，因此需要接受治疗。许多儿童一开始都会对他人感到不信任，而父母会想办法教孩子与其他小朋友交往或与邻居打招呼，他们这么做不仅仅是在帮助孩子寻找玩伴或养成礼貌习惯，更是在以一种比较含蓄的方式灌输一种观点：这些人

"和你一样",是值得信任的人。冯纳吉认为,我们确实有必要在与他人的交往中保持警惕,因为并非每个人都值得信任,但不能让这种警惕和怀疑主导我们的生活。[6]

大多数人都乐于表示,"我们认为理解他人的观点很重要"。谁会不同意这一点呢?毕竟每个人都有权发表自己的意见。但当我们完全不同意某人的观点时,我们还是会努力坚持自己的立场。例如,大量科学证据让我相信,接种新冠疫苗是预防感染的有效办法。不仅如此,我认为接种疫苗可以避免新冠病毒感染发展成重症。除了主持关于心理学的广播和播客节目,我还在BBC国际广播电台主持两个全球健康主题的节目。出于工作需要,我在疫情流行期间每天都会关注相关研究的新进展。我还记得,第一个新冠疫苗宣布研发成功的那天下午,我简直高兴得跳了起来。我主持过150多次关于新冠疫情的节目,还有幸采访了一些疫苗开发人员,所以我绝对相信冠状病毒确实存在,而且接种疫苗的风险与不接种疫苗的风险相比,前者根本不值一提。但有些人认为我的观点是错的,其中有几个还是我认识的人,他们聪明、正派、还善良。

这几个我认识的人以及我对他们的反应可以促使我对那些我不认识的反疫苗人士产生更多同理心,因为对于认识的人,我更容易原谅或容忍他们对疫苗的看法,求同存异,而不至于和他们闹翻。不管是在疫苗问题上还是在其他问题上,我都能更容易理解他们的观点。事实上,我和他们在许多情况下都持有相同的观点,而且这些人平时也非常通情达理、礼貌友善。但对于那些我不认识的人,特别是在社交媒体上发表意见的网友，我容易落入一个意识陷阱，会固执地认为他们关于疫苗的想法是完全错误的，这些想法让他们看起来像个白痴，甚至是道德有瑕疵的白痴。不管是疫苗问题还是其他问题，我可能无法在自己的观点与陌生人的观点之间找到平衡点。

我想对此提出一个简单的建议：在社交媒体上做一个更善良的人。在你愤怒地回应一篇你强烈反对的帖子之前，可以先想一想如果这个帖子是一个朋友发布的，你会有什么反应。我猜这种情况下，你的反应会缓和许多，所以为什么不在所有情况下都这么想呢？毕竟在推特和其他平台上，关于无赖和蠢蛋的叫嚣声已经够多了，我们不需要再添油加醋。

我们需要的不只是换位思考

在政治观点两极化、社交媒体泡沫化和回声室效应[①]越来越明显的当今时代，人们常说"我需要换位思考才能理解不同的观点"。但这真的有用吗？我想起了一个笑话，它的开头是这样的："如果我穿着别人的鞋子走了一英里……"最后结尾是："我会有一双新鞋子，然后在一英里之外。"不知何故，仅仅穿上隐喻性的"别人的鞋子"并不足以产生深刻的共鸣。

德比大学心理学家保罗·吉尔伯特的研究证实了这一猜

[①] 意指网络技术在带来便捷的同时，也在无形中为人们打造出一个封闭的、高度同质化的"回声室"。——译者注

测，他提出了慈悲聚焦疗法（compassion-focused therapy）。吉尔伯特已经证明，对于观点与你不同的人，简单的换位思考只是一种被动方法，很少能让你改变对这个人的看法。

积极尝试理解他人，理解他们用来解释自己观点的论据，从而理解他人的思维模式，这可能是更可取的方法。这种方法也称为"观点采择"，常用于加深政党投票截然相反的人群之间的相互理解，也用于在社交活动主张完全不同的人群之中形成和谐氛围。

就我对反疫苗人士的质疑而言，观点采择需要我考虑他们为什么不信任医学权威和政府，他们过去是否对医生和科学家失望过以及他们获取信息的渠道是什么。如果他们曾受到医疗服务机构的歧视，例如许多有色人种，如果他们有理由不信任官方的科学来源，我便能理解他们为什么会质疑疫苗的科学性。

从这个角度来看，无论是直接告诉他们不接种疫苗是愚蠢的行为，还是嘲笑他们针对疫苗副作用提出合理怀疑，显然这两种做法都无法说服他们接种疫苗。相反，他们需要内部群体有一个具备专业知识且值得信任的人为他们答疑解惑，这个人最好是可以让他们放心的医疗专业人员。这样可能会产生一种自我说服的效果，因为一个人的态度通常是自内而外发生改变的，而不是自外向内的。事实上，这种方法"更加柔和"，也能促使人们相互之间更加理解对方，在某种程度上能逐渐消除部分人群对疫苗的疑虑。

在上一段，我采用了一种相当迂回的方式说明，从尊重对方的中立立场出发，尝试理解反疫苗人士的观点，并从他们的角度考虑，如何才能让他们同意我的观点。这种迂回方式说明，我们很难与持有不同观点的人真正产生共鸣，因为无论我们多么努力地从他们的角度看待问题，我们总是会倾向于自己的观点。因此，希望反疫苗人士站到支持疫苗接种的一方，这可以说根本不是真正的移情，而是一种含蓄的胁迫。

  与观点不同的人进行换位思考还会产生另外一个问题。心理学家扎克·托马拉在斯坦福大学进行一项研究时发现，对于那些与你有着不同世界观的人，有时尝试从他们的角度理解事物实际上会导致你更加固执己见，甚至让你更加讨厌那个与你观点不同的人。[7]

  托马拉和他的研究团队招募了一些人参加实验，这些人都对政治问题感兴趣，有的支持左派，有的支持右派。他们需要按实验要求针对全民基本收入（Universal Basic Income）这一问题提出自己的看法。全民基本收入指的是每个公民除了他们可能赚取的收入，还有权终身获得一笔政府发放的足以维持基本生活的保障金。实验参与者需回答他们对这项政策的观点是什么，然后设想有一个人和他们持有相反的观点。第一组被告知，这个人在许多方面也和他们持有不同的政治观点；第二组被告知这个人在许多方面与他们持有类似观点，只是碰巧在这个问题上有分歧。研究人员要求两组参与者花一些时间想象这个人的生活是什么样的，他有哪些经历、有哪些利益需考虑以及这么做的动机是什么。接着，他们必须想象这个人为了反驳他们对基本收入的个人观点可能提出哪些论据。这个实验还有第三组。第三组为对照组，他们不需要想象有人持有不同观点，只需要针对基本收入的问题提出与自身观点相反的论点。

实验结果得出后，甚至连扎克·托马拉都感到惊讶（尽管他曾毫不避讳地表示，他的博士生早就预测到了这个结果）。态度软化最明显的是第二组，他们知道对方在全民基本收入问题上与他们有分歧，但在其他问题上持有类似观点。对于第一组，他们与对方在大多数问题上持有不同观点，试图与对方产生共鸣可能会适得其反，他们甚至比不曾换位思考的第三组更不容易接受这个人在基本收入问题上持有的反对观点。因此，就试图理解他人而言，最好不要试图从对方的角度看待问题。

这项研究得出的结论为：如果你喜欢一个人的整体着装，那么无论鞋子多么不合脚，你都更愿意选择穿这个人的鞋子；引申而言，你更容易与那些在大多数问题上持有类似观点的人进行换位思考。这种倾向也称为"价值观一致性"，它可以解释为什么人类在许多方面具有部落性，以及为什么"文化战争"具有如此大的威力。"价值观一致性"理论的重点在于，无论是基本收入问题还是新冠疫苗接种问题，让我们产生分歧的往往不是我们对具体问题的看法，而是我们在许多方面持有不同意见，这种分歧是由于"世界观"不同导致的，而世界观包含我们在政治、社会和道德问题上的立场，以及美国开国元勋所谓"不言而喻的真理"。据我所知，我和大卫·爱登堡在很多问题上意见相左。但我觉得，在更广泛的意义上，我和他同属一个"阵营"。因此，在遇到分歧时，我不会像对待特朗普那样与他针锋相对。

　　由此看来，当我们与他人之间的意识形态差距很大时，我们可能需要谨慎地采用观点采择法。在这类情况下，考虑对方如何论证他们对某个特定问题的立场可能会使我们更加坚持自己在这个问题或其他问题上持有的不同观点。如果在这类情况下采用观点采择法，我们就会更确信自己与对方没有任何共同点，对这些人只会产生更强烈的距离感和厌恶感。

水仙花被盗引发的思考

　　我曾经住在一个门前没有什么装饰的公寓里，公寓所在的巷子经常堆满楼下商店老板放置的旧纸箱。为了让家门口看起来更温馨一些，我买了两个方形的灰色花盆放在门前两侧。因为怕花盆被偷，我用混凝土把它们固定在地板上。秋天时，我在花盆里种满水仙花，第二年春天，当它们开花时，小巷子确实变得更有生气了，我和丈夫以及楼下的邻居，甚至连过路人都觉得这个巷子更加赏心悦目了。

　　然而有一天早上，我在外出锁门时，突然发现大门口看起来有些异样。花盆里所有水仙茎秆都被剪断了，而且明显是用剪刀剪断的。这不是从酒吧回来的醉酒学生一时兴起摘了水仙花插在头发上，而是一次有预谋的偷花行为。我很生气。之后每次进出门时，我都会看到水仙花的残留部分，又会想起某人把我6个月前种下的水仙花偷走的卑劣行为。这让我非常恼火，以至于不得不从另外一个角度看待这件事情。我必须重新思考当时的情况。于是，我便猜想，那个偷水仙花的人是有什么不得已的苦衷吗？

早在20世纪50年代，芝加哥心理学家劳伦斯·科尔伯格提出了道德认知发展的六阶段理论①。为了验证他的理论，他对几组男孩进行了一系列道德困境测试。以下便是测试题之一。

海因茨的妻子生命垂危，但他买不起1000美元的救命药。他知道药店多收了药费，不同意分期付款。另外，他实在找不到任何可以借钱给他的人。他应该闯入药店偷药吗？

男孩们给出的答案并不重要。重要的是他们的推理过程。通常情况下，一部分年幼的孩子认为海因茨不应入室盗窃，因为他可能因此而坐牢；另一部分孩子则认为海因茨不太可能被抓住，应当放手一搏。两组孩子的推理过程比较简单，都是基于他们思维中最重要的惩罚奖励机制。

当这些男孩长到12岁左右时，他们中的大多数人在道德发展方面都达到了更高的阶段。他们开始思考人的行为方式必须获得社会上其他人的认可，之后他们又会开始思考，每个人都应当遵守法律，如果没有法律，社会就无法正常运转。

第六个推理阶段基于更复杂的道德原则，并非每个人都能达到这个阶段（当然了，科尔伯格本人已经达到）。而达到这个阶段的人能够洞悉某些法律优于另一些法律，并且认为如果制度不公

---

① 即惩罚与服从的定向阶段、手段性的相对主义的定向阶段、人与人之间的定向阶段、维护权威或秩序的道德定向阶段、社会契约的定向阶段、普遍的道德原则的定向阶段。——译者注

正,有时也可以违反法律。在海因茨困境中,有些人可能认为,与不从药店偷药相比,拯救生命才是更高的原则。

这些都是非常有趣的发现,科尔伯格的研究工作与我的水仙花被盗有什么关联呢?什么样的道德推理可以解释这种无耻的行为呢?我只能设想这个小偷当时正前往医院去看望他生命垂危的母亲。他原本打算在路上买花,但后来却发现他的钱包被偷了。他知道他的母亲有多喜欢花,而且这很可能是他们最后一次见面,于是他推断,尽管大多数情况下偷窃都是不对的行为,但在道德层面上他有理由偷走我的水仙花。

但我无法轻易解释为什么这个人碰巧携带剪刀,难道是他事先为他的母亲制作了一张手工卡片,所以口袋里碰巧有剪刀,又或者他打算为即将离世的母亲修剪头发?当然,我的这些设想不大可能是真的,因为我的公寓附近并没有医院,这些想象的情景完全不可能是真正的原因,但这并不重要。重要的是,对发生在自己身上的不公正遭遇设想情有可原的解释后,我的心情能因此得到舒缓。

我在阅读前文提及的保罗·吉尔伯特教授的巨著《同情之心》(The Compassionate Mind)时,联想到了之前水仙花被盗的经历。[8] 吉尔伯特教授在书中详细介绍了许多练习,你也可以在家中试试,让自己更富同情心。他举了一个例子:你的朋友承诺在某个时间点给你打电话,但最后却放了鸽子。你留在家里等电话,所以对朋友竟然这样对你感到非常气愤。你认为这个朋友根本不关心你,他是一个不顾及他人感受的自私鬼,也许他从来没有在意过你,也许其他人也没有真正为你考虑过。这些感觉不断吞噬你的思绪，被人厌弃的孤独感和其他负面情绪席卷而来，导致你彻夜难眠。

这种情况听起来熟悉吗？我想我们都有过这样的经历。不过，我们能做什么呢？怎样才能让自己更好受一些呢？

吉尔伯特建议采用认知行为疗法，这种方法并不是说你没有权利感到难过和失望，而是让你思考对于这种情况的想法和感受，以及是否有可能用另一种方式看待这个问题。有些人可以自然而然地做到这一点，而有些人则较难做到，需要通过一系列努力才能让自己的情绪回归平静。[9]

首先，考虑事实。如果一开始就情绪不同，那么你对这种情况的看法会有所不同吗？除了不关心，你的朋友还可能有什么理由不给你打电话？你有什么实际证据可以支持你对朋友行为的负面看法？3周或3个月后，你对这件事会有什么感觉？

接下来，考虑哪些方法可以帮助你应对这种时刻。过去遇到类似情况时，你是怎么顺利应对的？另一个朋友对你说的某些话是不是会让你感觉好受一些？

这时，你可能想知道，什么时候需要站在对方角度看待问题。这是下一个步骤。

你应当学会换位思考。也许是因为发生了非常重要的事情，所以那个朋友才无法给你打电话；也可能是因为他真的忘记了要给你打电话这件事。这虽然是朋友的过错，但我们有时也会忘记做一些事，难道不是吗？那一天你朋友的行为并不能反映他们如何看待与你之间的友谊。想想你们一起度过的美好时光，今后你们还会创造更多美好的回忆。

这种自我开导并不容易做到，尤其是在非常难过、沮丧的情况下，但在问过自己这些问题之后，你可能在某种程度上豁然开朗，从而让自己的情绪回归平静。也许你的朋友不值得你这么理解他，但从另一方面来看，为朋友的行为寻找最合理的解释可以让你做出公平的反应。无论哪种情况，你都能因此好受一些。

当然，朋友不打电话或丢失几朵水仙花只是微不足道的小事。当某人对你或对你所爱的人造成了永久性的伤害时，这种方法的适用性会大大降低，而且不太可能产生安慰效果。不过，即使发生了谋杀之类的严重事件，受害者的亲属有时也会对凶手表现出超出寻常的理解。

以科林·帕里为例。他有一个儿子叫蒂姆。1993年，爱尔兰共和军在英国沃灵顿市中心引爆炸弹，年仅12岁的蒂姆在爆炸中不幸身亡。从悲剧发生到之后的几年时间里，科林和他的妻子温迪一直在想方设法揪出爆炸案的幕后黑手。2009年，在接受当地报纸《利物浦回声报》(Liverpool Echo) 的采访时，科林解释了其中的原因："我们不希望再有家庭像我们和其他受害者的亲属一样遭受痛苦。我们想要和平，这种信念给了我们一种使命感，否则我们的人生只会充满悲痛、愤怒和不解。"

这种决心促使科林和温迪成立了蒂姆·帕里和乔纳森·鲍尔和平基金会 (Tim Parry Johnathan Ball Peace Foundation)——一个专为政治暴力的受害者和幸存者服务的英国组织 (乔纳森·鲍尔是沃灵顿爆炸案的另一名受害者)。科林·帕里表示，如果爆炸袭击案的真凶与他联系并道歉，他就会尝试去原谅他们。而为了了解恐怖袭击背后的动机，帕里曾与新芬党领导人格里·亚当斯和已故的马丁·麦吉尼斯会面过。尽管这些人给他的生活带来了巨大痛苦，但他还是竭尽全力地去理解他们。

我们很难知道帕里夫妇的举动所产生的确切影响。但自1993年以来，北爱尔兰实现了相对和平，当地人和英国大陆的居民不再生活在爱尔兰共和军或其他准军事机构制造恐怖袭击的持续恐慌中。帕里夫妇无疑是非常善良的人，他们对恐怖袭击者的宽恕和同情也一定对其他人的行动产生了某种影响，也许有助于将挑起北爱尔兰冲突的主谋推向和平谈判桌。

本章前文简要提及的大卫·坎特喜欢研究精神障碍患者。不过，他有点反其道而行之，旨在探究人类善良的奥秘。就像神经学家为了了解健康大脑的运作方式而研究受损大脑一样，坎特认为，通过在那些看似不具备善良品质的人身上寻找善良的迹象，可以更好地了解善良品质如何在其他人身上发挥作用。

坎特通过研究得到一个有趣的发现，在善良量表上取得高分的人也能在不善良量表上取得高分。我们从生活中也能得出类似结论：人类能够在某些时候表现得非常善良，但也能在其他时候表现出黑暗的一面。单单记住这个事实有时也能对你有所帮助。所以，当下一次有人对你做了任何恶劣的举动时，不妨试着想一想："这个人可能在其他情况下非常友善。"这可能不容易做到，但也许可以让你的心情变好，更重要的是，这种想法可能是事实。

提升同理心

虽然与他人产生共鸣并不容易,但我们必须培养自己的同理心,把同理心视为一种可以学习且不断提升的技能,就像烹饪和驾车一样。我们需要意识到,与他人(包括那些与我们观点不同的个人和群体)产生共鸣的能力并不是与生俱来、不可改变的。相反,我们越是努力地培养同理心,就会变得越有同理心。

斯坦福大学教授卡罗尔·德韦克因研究儿童思维模式而闻名。她的研究证明,那些自认为或从别人口中得知自己非常聪明的孩子往往会停止鞭策自己进步,而那些在学校里表现不好的孩子则会开始认为自己永远不会取得进步。为了解决这些问题,德韦克主张在儿童教育方面应告诉所有孩子,人的智力不是固定的,每个人都可能在学业上进步或退步,这取决于个人所付出的努力以及所承担的风险。

那么,同理心是否也是如此呢?德韦克和她的同事、社会神经科学家贾米尔·扎基认为同理心也是一样,还通过实验证实她们的观点。

她们首先招募了同理心水平相当的两组志愿者,其中一组认为人可以变得更有同理心,而另一组则不赞同。研究人员让每组志愿者各阅读一篇杂志文章,两篇文章的内容都与一个名叫玛丽的女人有关。这两篇文章都在讲学生时期的玛丽是一个不太友善的人,根据第一组读到的文章,玛丽是一个抵押放贷者,有时会在租客付不出房租的时候收回房子。这篇文章暗指玛丽的同理心水平一直很低。但在第二组读到的文章中，玛丽成年后积极参加社区活动，作为社会工作者一直对他人关爱有加。这篇文章告诉我们，每个人都可能发生改变，同理心是一种可以获得的技能，人可以随着时间推移变得更有同理心。研究人员想知道的是，两篇不同文章对两组志愿者在表现同理心方面会有什么影响。

为了衡量这种影响，两组志愿者需要回答他们愿意为癌症宣传活动付出多少努力。结果显示，读过"玛丽抵押放贷"的第一组志愿者准备参加爱心赛跑等助力活动。他们没有完全忽视癌症患者的困境。而读过"玛丽改变"的第二组志愿者则愿意付出更多努力，他们承诺在癌症患者关爱活动上投入更多志愿服务时间，例如加入癌症援助小组或倾听癌症患者讲述他们的痛苦遭遇。[10]德韦克和扎基由此得出结论，仅仅是读到某人变得更有同理心的故事，就能对我们产生影响，从而以他们为榜样。关键在于，我们的同理心水平并非先天固定的，我们可以通过学习或在受到启发后提升自己的同理心水平。

有证据表明，同理心水平越高的人会有越多善举。事实上，在善良测试中，人的同理心水平与善良度之间存在密切联系。

我想讲述一个关于凯蒂·班克斯的故事。她的经历很不幸，上大学时，一场突如其来的车祸彻底改变了她的生活。她的父母和其中一个妹妹在车祸中丧生，凯蒂和她的另一个妹妹还有一个弟弟成了孤儿。凯蒂的弟弟妹妹都是十几岁的孩子，还在上学，所以凯蒂需要照顾他们。因此，她几乎没有时间投入大学的课业当中。但如果不学习，她就无法通过期末考试，也无法找到一份养家糊口的好工作。她面临着一个似乎无法解决的困境，担心最后不得不让别人收养她的弟弟妹妹。

我必须澄清一点，这个凯蒂的故事是虚构的（尽管写到这一章时，我在某份杂志的专题报道中读到一个非常类似的真实故事，所幸那个女孩顺利通过了期末考试）。这个故事是美国社会心理学家丹尼尔·巴特森杜撰的，他这么做是为了衡量人的同理心可以在多大程度上被诱发，从而做出更善良的举动。[11]

30年来，巴特森进行了大量实验，其中很多是通过广播采访进行的，我个人也很喜欢这种方式。在凯蒂·班克斯的案例中，他要求志愿者进入实验室，然后用磁带向他们播放凯蒂的采访内容（我需要说明一点，使用磁带并不是要迎合复古风潮，而是因为这种方法适合研究。这些实验开始于20世纪80年代，当时磁带仍是主流的研究工具）。总之，参加实验的志愿者收到了关于如何听取凯蒂采访内容的不同指示。第一组志愿者需要尽可能客观地看待她的经历，不被她的感受左右。第二组志愿者得到的指示正好相反，他们需要设想凯蒂的情绪以及她的生活受到了怎样的影响。第三组志愿者不专注于凯蒂的感受，而是思考如果这种悲剧发生在他们身上，那么他们会有什么感受。之后，每个志愿者都被问及他们认为凯蒂需要什么程度的帮助。

每个志愿者都认为凯蒂需要某种程度的帮助。对于凯蒂的困境，被要求想象凯蒂的感受或与凯蒂换位思考的志愿者比那些被要求保持冷漠和客观态度的志愿者表现得更有同理心，这也许并不足为奇。但三组之间还有一个明显区别，这一点也许不太容易预测，想象事故和后果发生在自己身上的志愿者也比那些想象凯蒂感受的志愿者感到更痛苦。

这个实验说明，如果换位思考可以提升同理心水平，这么做就是一件好事。为了缓解自身痛苦而去行善的人有时会遭到他人的非议、指责。这种行善倾向于有着利己主义动机，在大多数人看来不算善良。但如果最终需要善意帮助的人得到了帮助，这种动机又有什么问题呢？例如，如果你向赈灾机构捐款的主要动机是不忍心在电视上看到一些悲惨的画面，这么捐款肯定比不捐款好，难道不是吗？

巴特森很少在他的研究中使用"善良"一词，但在我看来，他的实验确实证明，人在根本上倾向于善待他人。他自己也说过，他的研究结果显示人们的行善倾向具有"显著一致性"。[12] 他再三表明，当我们与他人产生共鸣时，我们会更愿意帮助他人，与他们分享，并给予更多善意和善举。他发现，如果要求一些人想象另一个人的生活，他们更有可能提供帮助，那么即使是以不会得到他人的赞美的匿名方式。他通过研究表明，即使这些人可以轻易避免提供帮助，可以轻易为不提供帮助找到借口，甚至会因为提供帮助而失去很多乐趣，他们也会选择帮助他人。除此之外，一旦人们对某人产生同理心，即使这个人让他们失望过，他们也依然会选择帮助他。你可以设置这样一款电脑游戏：任何玩家都可以选择与其他玩家合作或对抗。值得注意的是，一旦某个玩家对另一个玩家产生同理心，即使后者曾让前者失望过，前者也往往会继续帮助后者。[13] 一旦我们对某人产生同理心，有时就会不自觉地想要善待这个人。

其实，诱发同理心的方式有很多种。多年来，小说和电影一直在这方面发挥着重要作用。因此，你不必真的认识奥利弗·特威斯特，就能理解他出生于济贫院，在殡仪馆做学徒，之后又不幸被骗入贼窟的悲惨经历，理解他的困境。事实上，你可以想象他的处境，为他感到难过，并与他换位思考。让你产生同理心的对象不一定是人类。例如，对于《帕丁顿熊》(Paddington)故事中那只来自秘鲁、爱吃橘子酱的熊，谁又会不同情它呢？而对于《水柜机车托马斯》(Thomas the Tank Engine)故事中的顽皮小蒸汽火车头托马斯，很多人都会与它产生共鸣，并在更大的火车头高登给了它一个教训后会为它感到惋惜。2021年发表的一系列实验结果表明，为了让人类保护海洋环境，可以诱发人类对海洋产生同理心。实验中，一半志愿者置身于一个虚拟现实场景中，他们站在一艘拖网渔船的甲板上，同时画外音在描述一个反乌托邦式的未来——专制政府正在崛起，可持续发展几乎得不到任何支持，非法捕鱼越来越盛行。然后他们发现自己身处海底，周围有成百上千的鱼在游动，此时叙述者告诉他们深海栖息地被破坏，资源匮乏越来越严重，周围游动的鱼越来越少，最后整个海洋只剩一片空旷的黑色。[14]另一半志愿者沉浸在比较乐观的场景中，人类正在采取补救行动，渔业资源逐渐恢复。实验结果为，经历悲观场景的志愿者对海洋产生了更多同理心。但我更关注的是，我不仅会对人类产生同理心，也会对海洋以及更广阔的世间万物产生同理心。

当态度发生相应变化时，心理学上称为"移情—态度效应"。对于我们最有理由讨厌的人，如罪名成立的杀人犯和毒贩，最能体现出这种效应的影响。[15]2002年，丹尼尔·巴特森向志愿者播放了凯蒂·班克斯之外其他人物的采访录音。这次的受访者是一个名叫贾里德的22岁男子，他因吸食和贩售海洛因被判处7年有期徒刑，受访时处于服刑的第二年。人们一般不会同情这种人。但当志愿者在采访对话中听到了贾里德对未来的希望和恐惧时，在他的犯罪行为之外建立了某种情感联系，开始从他的角度看待问题，他们不仅对他产生了更多的关心，而且还付诸行动。更令人震惊的是，他们还想帮助其他从未听闻的吸毒者，甚至投票赞成将更多资金用于毒品危害推广计划，而没有选择环保机构和教育慈善机构等公益组织。[16]

从本节的前文内容可知，我们可以在快速实验中诱发同理心。

保罗·吉尔伯特的研究表明，人可以运用与冥想相关的方法进行训练，从而提升个人的同情心水平。我总结了一项吉尔伯特提出的练习。这项练习不需要花费很多时间，你也可以尝试其他类似的练习。

- 站立时肌肉放松，以平稳的节奏呼吸，大约持续30秒。
- 开始想象你是一个充满同情心和智慧的人。
- 想一想，作为这样的人，你希望拥有哪些理想品质？（你是否已经拥有这些品质并不重要，重点在于思考你对这些品质的渴望程度。）
- 假如你是这种人，你将做出什么样怜悯的表情。
- 在整个过程中，放松身体。

吉尔伯特表示，每个人都可以随时随地进行这种简单的练习，但需要记住一点，这只是练习，所以不必感觉有压力，也不必急于见成效。

你也可以通过练习学习如何善待他人，可以想象对方是你的朋友，而你希望朋友能够幸福，通过这种方法学习如何善待那些你不太了解的人。

心理层面的这类练习需要掌握时机，一开始可能会有不适感或陌生感。但最终，大多数人都能轻松自如地展开练习，而结果也会令人欣喜。吉尔伯特的研究表明，志愿者在练习几周后表示，不仅对他人更加友善了，而且自我感觉也变得更好了。有些人也开发了仁爱冥想法、慈悲冥想法或同情心训练。虽然具体方法不同，但遵循的理念相同：旨在培养持久的恻隐之心。

另外，这种训练不仅使我们对他人更有同情心，而且还能促使我们多多行善。例如，莱比锡马克斯·普朗克进化人类学研究所的塔尼亚·辛格对志愿者进行同情心训练后发现，经过训练的志愿者比未经过训练的志愿者更有可能在电脑游戏中帮助陌生玩家。[17]

在另一项研究中，辛格首先要求一组志愿者做一些基本移情练习，这些练习会教他们尽量与眼前所见的受难者产生共鸣。然后在脑部扫描过程中，让他们观看新闻节目或纪录片的节选片段，片段中的主角要么遭受了身体伤害，要么经历了自然灾害。接着，研究人员询问他们的感受并比较他们的神经反应。接受简单移情训练的受试者与对照组相比，前者的大脑疼痛体验相关部位更有可能被激活，犹如他们正在亲身经历所目睹的疼痛一样。但在这一点上，这项研究并未对本章所述的其他研究起到推动作用。

当同一组志愿者接受强度更大的同情心训练，学会将关怀他人的情感延伸到他们所看到的受难者身上时，大脑反应也会出现差异。经过强度更大的同情心训练后，当他们再次看到他人受苦的视频时，他们的大脑反应与之前不同，这次结果显示与爱和奖赏有关的大脑部位被激活，说明他们产生了更强烈的移情反应。这些志愿者也表示他们的感受与之前不同。在移情训练后，观看他人受苦的视频会让他们感到痛苦，但在同情心训练后，他们的感受变得更积极一些。[18]

这项重要的发现表明，人在经过更高级的训练后不仅会对受难者产生更多的同情心，而且更有动力通过行动缓解他们的痛苦。

关于同理心

并非所有情况下，同理心都是越多越好。在某些情况下，如果我们过于强烈地感受他人的痛苦，这种感觉就可能压倒我们，甚至让我们崩溃，使我们失去原来的行善能力。我会在下一章中研究另一种极度善良的类型——英雄主义行为。当你看到有人不小心落入运河、在水中挣扎时，如果你的主要反应只是想象自己正在溺水，那么也许什么忙也帮不上。这种想象可能导致你呆立在过道上什么也做不了，而你本来是可以救人的。

保罗·布鲁姆在完成一本关于同理心的著作时发现，许多人对他的研究主旨非常认同，都以为他主张的同理心是一种完全正面的感受能力。因此，当他告诉这些人他的书名是《反对同理心》(Against Empathy)时，他们感到十分惊讶。[19]其实，布鲁姆并不是反对一切同理心，只是认为同理心不能过度，否则会影响正确判断。"可识别受害者效应"也能说明这一点。在这种效应中，所有人关注的是新闻报道或慈善活动宣传的遭受困境者（例如第3章所述的皮特，人们为他预付了90杯红酒的费用），有时可能忽略身处类似困境的其他人或其他更重要的问题。

布鲁姆要求我们想象有一个女孩身患绝症，她在等待治疗的名单上，得到治疗后她可以减轻痛苦，甚至可能因此多活一些时日。我们对这个女孩了解越多，对她产生的同理心也会越强，并且越希望她能成为等候名单上的首位候选人。但那些我们不知道名字的孩子可能也在遭受痛苦，面临死亡，他们也许会因此得不到救治。由于我们的关注点都在小女孩面临的困境上，可能就忽略了更严重的问题，比如医疗服务投入不足、专业医生人才短缺等。

有效利他主义经常采用统计分析法引导决策，通过计算确定善款如何能产生最大影响，从而防止个人出于感性考虑而做出不明智的捐款决定。这种措施可以让许多援助偏远落后地区的慈善机构受益，例如在撒哈拉以南的非洲地区分发蚊帐、防止疟疾蔓延的慈善机构，在这些贫困地区，一笔小额善款也许就能挽救一条生命，而在较富裕的国家则不然。当然，这种善举的最终结果一般不会超出预期指标，而且可能消除行善者自我感觉良好的因素，而这种幸福感却是许多人捐款行善的动力。现在仍有很多人向那些能够惠及家人或朋友的慈善机构捐款，因此公益事业最终也会发展为"混合经济"模式，尽管看起来比较混乱，但也许行之有效。

很多人到现在还会给朋友的孩子提供工作，这也能说明善举是如何偏离初衷的。积极回应朋友的请求似乎是一种善举，但这可能让不具备人脉关系的年轻人在就业市场上惨遭滑铁卢。在这类情况下，我们需要扪心自问，我们的善举对他人而言是否公平，对他人有求必应真的是一种善举吗？

数十年来对外部群体遭受歧视的心理学研究表明，造成这种不平等的原因除了内部群体蓄意为之，还有他们对内部成员的偏向。因此，如果我确实帮助了一个朋友的女儿，同意她在我工作时跟随左右，那么我可能在无意当中让女孩得到了特别优待，而那些我不认识的女孩可能处于更不利的境地，她们可能更需要我的帮助。

早在20世纪70年代，社会心理学家亨利·塔吉菲尔对他所说的"小群体"进行了实验，这也成为心理学领域的典型研究之一。他通过这些实验提出了社会人群分类(social categorisation)的概念，用于解释我们简单快速地完成"人以群分"的认知过程。因此，如果你想在一列火车上找到一个叫弗兰克的人，而你不知道他的长相，只知道他是一名教师，与其逐个询问火车上的男性乘客是不是弗兰克，不如根据他们的穿着或携带的物品判断对方是一名教师。教师可能喜欢穿着肘部有皮革补丁的灯芯绒夹克，手里拎着塞满练习册的手提箱。（我承认我对教师的印象在如今看来可能有点过时了。）

当然，你的这种分类也可能出错，但经验和证据往往能验证你的想法是正确的，而且这个过程可以节省大量时间，避免许多麻烦。由此可见，社会人群分类可以提供有效合理的心理捷径。当我们对一些人形成刻板印象时，这种分类也会引发实际问题。在刻板印象方面，最有名的案例可能是人们容易将穿着连帽衫的年轻黑人男子视为可能对人产生威胁的危险人物，或容易将头戴包巾的妇女视为被男性压迫的受害者。显然，最主要的内部群体和外部群体是基于社会纽带、地理、国籍和种族等因素经过几年、几十年甚至几百年发展起来的。但塔吉菲尔的研究表明，小群体往往由内部群体或外部群体中的部分成员聚集而成，可以在短时间内快速建立。事实上，一枚硬币的抛掷结果足以决定我们的"立场"，让我们对一方忠诚，甚至对另一方产生敌意。

在实验中，塔吉菲尔向不同小组布置的任务本身比较简单。其中一项要求志愿者学习一个列表中的单词，然后凭记忆重复这些单词。如果重复单词时吞吞吐吐或需要很长时间才能记起一个单词，志愿者佩戴的耳机就会发出响亮刺耳的噪声，而表现良好的志愿者则会得到糖果或小额现金奖励。这个实验可能看似无关紧要，但研究结果令人震惊。经过多次测试发现，一组成员虽然相对公平，但他们对本组其他成员比对另一组成员略微慷慨，反之亦然。显然，虽然志愿者被随机分配到所在的小组，他们之前没有任何关系或纽带，而且除了正在进行的游戏之外没有任何其他团体身份,但小组成员依然对"自己人"比对"外人"稍有偏爱。(事实上,我们所有人都有这种明显倾向,其他实验也表明,就连3岁儿童也会有相同的反应。)所幸的是,塔吉菲尔的研究也显示,尽管志愿者给本组成员的糖果奖励多于公平份额,但对于另一组也只是多放了一些刺耳的噪声。换句话说,他们的表现更多的是偏袒,而不是歧视。不过,最终结果可能大致相同。如果白人把所有工作机会都给其他白人而不是给有色人种,那么就算被人说成是"照顾自己人",也没什么好辩解的了。

令人担忧的是,即使是根据硬币投掷结果随机选择小组成员也足以引发强烈的"内部"或"外部"群体效应。[20]

事实上,如果这种效应不严重,我们根据某种特征形成小群体的这种倾向就无伤大雅。例如,事实证明,就生日而言,我们更喜欢与自己同一天生日的人。一项研究发现,我们对自己名字的首字母尤为看重,以至于我们更有可能选择一份首字母与自己名字的首字母相同的工作,这绝非偶然。是的,你没看错。在这项研究中,研究人员观察了屋顶工人和五金店老板,发现雷克斯更有可能成为屋顶工人,而不是五金店老板,而哈里则相反(因为Rex和roofer的首字母相同,而Harry和hardware的首字母相同)——这种倾向非常明显,具有统计显著性。

我总是倡导学术界人士向严肃期刊提交论文时采用诙谐风格的标题,而一篇标题为"为什么苏西在海边卖贝壳"的文章恰好能说明以上研究发现的正确性。[21]文章作者认为,苏西比梅齐更有可能在海边开一家贝壳店,而(我猜)梅齐更有可能在缅因州制作枫糖浆〔因为苏西(Susie)名字的首字母与海边(seaside)和贝壳(shell)

的首字母相同，而梅齐（Maisie）名字的首字母与缅因州（Maine）和枫糖浆（maple syrup）的首字母相同]。这样的例子数不胜数。例如，这篇文章的作者研究了1926年在得克萨斯州生产的所有妇女，结果发现，这些妇女嫁给姓氏首字母与她们婚前姓氏首字母相同的男子的可能性比偶然性高40%。佐治亚州、佛罗里达州和加利福尼亚州的情况或多或少也是如此。此外，从统计学上看，许多名叫弗吉尼亚的人选择了移居弗吉尼亚州，而名叫路易斯或路易丝的人更有可能移居路易斯安那州。

在你设法将约会应用程序设置为只与你姓名的首字母相同的对象匹配前，我想补充一点，有些研究采用的方法受到了一些怀疑，一项批判性分析发现，姓名首字母效应仅适用于人们最喜欢的品牌。[22]他们没有举例说明，但我可以由此推断维姬通常选择维珍航空，而艾米丽更喜欢阿联酋航空（因为维姬[Vicky]与维珍[Virgin]航空的首字母相同，而艾米丽[Emily]与阿联酋航空[Emirates]的首字母相同)。

即便如此，总体证据也指出，我们可能基于一种微不足道的脆弱关联性而对他人产生认同，进而形成关系紧密的群体。因此，当我们考虑如何分配自己的善举时，我们可能需要问自己，我们偏向哪些群体以及为什么会偏向他们。

收起同理心

你知道疯狂手术（Operation）这款游戏吗？在这款游戏中，玩家使用一把小镊子，尝试从一个大腹便便的塑料男子身上取出物体，但不能触及开放性"伤口"两侧。笨拙的"外科医生"会在这个游戏中暴露无遗，因为一旦"手术刀"滑落，系统就会发出蜂鸣声，男子的鼻子部位也会亮起。我过去很喜欢玩这款游戏，尽管操作不是很熟练。我发现，当我试图从男子的腹部取出塑料面包篮、从他的喉部取出喉结或从他的胃里取出蝴蝶时，我会无法控制我的神经，也无法让自己的手稳定操作。当闪烁的警报器不断响起时，我好像很害怕给这个穿着粉色衣服的可怜患者带来真正的痛苦。

真正的外科医生必须在手术中克服胆怯，否则他们将无法在这个行业立足。如今，麻醉剂不仅造福患者，也对医生大有帮助，让他们不至于在手术中对患者造成实际疼痛。但有些手术需要患者保持清醒，这些手术有时会引起一点"不适感"，只是这种表达往往是医学上对"血淋淋创痛"的委婉说辞。

医护人员应学会切断自己的情感通道，避免与患者产生共鸣，这样才能理智应对患者遭受痛苦时的画面以及惨叫声。我曾经乘坐直升机去处理危急事件，空中紧急救护队表现得非常专业，但他们不能花时间安慰事故现场的受难者。他们通过行动帮助受难者，而不是与受难者共情。研究表明，在目睹悲惨画面时，人们的大脑甚至开始做出不同的反应。例如，中国台湾的一项研究发现，如果让一个非医生职业的人看着针头插入另一个人的手臂，前者大脑中与疼痛产生反应有关的部位会被激活。另外，如果那个非医生职业的人看到一根棉签按压在手臂上，他的大脑会做出不同反应。但面对这两种不同情况时，医生的大脑反应并无差异。实际上，医生的大脑会主动屏蔽目睹痛苦时产生的正常反应。[23]这么做的代价是，医生或我们容易低估患者的疼痛，有时可能造成严重的后果，但总体而言，这么做利大于弊。的确，收起同理心的做法不仅能帮助医生应对工作中的情绪压力，而且有助于他们磨炼技能。伦敦大学心理学家拉萨娜·哈里斯的一项研究可以证明这一点。他招募了一组非医生职业的志愿者，并给每人一只橡胶制成的手臂，然后要求这些志愿者在手臂上做一些缝合工作，就像缝合伤口一样。虽然手臂是橡胶制成的，但看起来十分逼真。一些志愿者发现缝合练习很难，因为他们会想象如果这些是真人手臂，就会造成一定的痛苦。结果，在同理心方面得分较高的志愿者在缝合练习中表现得较差，而同理心水平较低的志愿者在缝合练习中的表现较好（也许后者更适合做外科医生）。[24]

2021年10月，我采访了在田纳西州纳什维尔工作的特护医生布雷特·坎贝尔，他当时治疗新冠病毒感染者已经超过18个月了。他以为2021年的前几个月是疫情最严峻的时候，没想到后来又出现了德尔塔变异毒株。进入ICU的德尔塔变异株患者偏年轻化。另外，他们比之前的患者更不相信新冠病毒是导致他们出现严重症状的罪魁祸首。[25]

"当然，还有很多人非常不配合医疗人员的工作。"坎贝尔医生告诉我，"全国范围内可能还有许多人未接种新冠疫苗，我们地区肯定也一样。对于新冠病毒是什么疾病，会带来哪些风险，他们似乎有完全不同的看法。他们周围的人也都认为新冠病毒的危害被过度夸大了，因此当这些人得病时，他们往往归因于新冠病毒之外的某种因素。其中有些甚至会无故指责从未见过面的医疗人员，认为医疗人员需要对他们生病这件事负责，比如有些人会说'是你们害了我'。"

坎贝尔医生讲道："有些人在入院时，坚决不相信他们已经感染了新冠病毒。无论你怎么告诉他们病情有多严重，甚至直接说该病毒正在夺去他们的生命，他们也会说：'不，我不可能感染新冠，不可能，你一定在撒谎。'"

坎贝尔医生发现，对于未接种疫苗但住院后就后悔的患者，他能够与他们换位思考，理解他们的担忧。他告诉我，他已经不再尝试理解那些指责医生、认为医生是导致他们生病的患者了。这些人仍然拒绝接种疫苗，而且坚决否认他们已经感染新冠病毒。坎贝尔医生知道，他的职责是为患者提供最好的治疗，尽力挽救他们的生命，但也需要尽量避免对患者产生同理心。他和他的同事们需要避免产生同情疲劳和倦怠，而收起同理心是唯一的办法，即使面对即将死亡的患者，他们也需要收起同理心。

亚瑟·阿伦的36个问题

我们暂时改变一下思路。

你最想和哪位名人共进晚餐？

友谊对你来说意味着什么？

好吧，这是两个问题，并不是36个。因为这一章篇幅较长，所以本节只引述其中的部分问题。你也许能马上认出这两个问题，它们选自著名心理学家亚瑟·阿伦提出的"让陌生人迅速相爱的36个问题"。据说，通过回答这些问题，你会向潜在伴侣敞开心扉，与对方建立更加亲密的关系，有时甚至认为"他/她就是我的唯一"。

这36个问题在学术领域内也被称为快速交友(fast friends)程序，这个过程似乎缺少一些浪漫，尽管它其实是由一对夫妻伊莱恩和亚瑟·阿伦开发出来的。这两位都是心理学家，花了半个世纪的时间一起研究这些关系，他们的研究其实也体现了这对夫妻之间的和谐关系。[26]

你有过在飞机上与陌生人交谈的经历吗？我们在飞行旅途中很可能会与邻座陌生人进行非常深入的交谈。我也有过一次这种经历。那时，我独自一人飞往法国，在飞机上读一本关于超人类主义的书，想为后面的采访提前做准备。坐在我旁边的挪威女人问我什么是超人类主义，之后我们两人就一直探讨人死后会发生什么，以及为什么有些人会想方设法通过低温技术等试图继续存活。我们一直聊到飞机降落，在护照检查处排队时，以及在行李传送带旁边等候时，仍在继续交谈。我和那个挪威女人之间的交谈并非闲聊，而是十分深刻的个人交流，所以当我们看到各自的朋友倚靠在围栏上等候并向我们招手时，我竟然感觉有些不舍，因为我和她分开后，今后可能再也见不到对方了。

亚瑟·阿伦提出的快速交友程序在建立情感方面可能相对较慢。两个人坐在一起讨论这些问题的答案，从最想与哪位名人共进晚餐这个问题开始，逐渐转到越来越私密的问题，例如成长中最遗憾的事是什么。其中第35个问题是："在你的家人中,谁去世了会令你最难过?为什么?"

这一系列问题是阿伦于1997年提出的,至今在学术研究中仍被广泛应用,包括旨在减少族群间猜疑和敌意的研究。[27] 研究结果显示,这种结构化方式引导的对话可以让人们在与不同族群交往时缓解焦虑感。[28]

新研究似乎也证实,人们其实很喜欢与陌生人深入交谈,而且这种喜欢的程度肯定高于他们的预期。在最近的这项研究中,实验室里的志愿者根据给定的话题与事先不认识的人进行讨论。有些话题比较轻松,如电视节目或发型;有些则比较深入,比如"你能讲述一次在别人面前痛哭的经历吗?"或"在你的生活中,你最感激什么人或什么事?"

当参加实验的志愿者第一次看到问题清单时,他们对比较深入的话题感到紧张。他们觉得与陌生人讨论这些事情多少有点尴尬。事实上,经过深入交谈后,他们感到很开心,而且聊天时根本不会像他们原来想象的那么尴尬。[29]

但在与他人建立某种情感纽带的过程中,建议避免谈论深奥的哲学问题或关于存在主义的问题。我在本书中多次提到在萨塞克斯大学进行的研究,而吉利安·桑德斯特伦是萨塞克斯大学善良研究中心的主要学者之一。她专门研究陌生人之间的对话。令人惊讶的是,她的研究表明,只要陌生人之间开始对话(聊什么并不重要,甚至可以聊天气),双方心情都会明显好转。

吉利安在伦敦泰特现代美术馆里进行过一次实验,参加实验的志愿者主动与前来参观的游客聊起美术馆中的展品。一开始,这些志愿者都小心翼翼,因为他们不知道自己的主动接近会得到怎样的回应。毕竟许多人去艺术馆是为了寻找内心的平和与宁静，希望可以在自我沉思中欣赏艺术品，而不是被人拉着说些无聊的事情。但这些志愿者被说服后，他们不仅很享受这种体验，与他们聊天的游客也乐在其中。这些志愿者就像一只只小白鼠，参加了"随机找人聊天"的实验，但离开画廊时，他们都表示自己的心情变好了，而且感觉与他人的联系也更紧密了。

外向性得分高、羞怯性得分低的人主动与陌生人聊天时会不怎么紧张。尽管我们当中的大多数人认为自己在许多事情上可以比一般人做得更好（统计学上的这种不可能性也被称为"乌比冈湖效应"），但在搭讪方面，我们往往认为自己并不擅长，这也许可以解释为什么我们会在被搭讪时沉默寡言。这是因为羞耻感在作怪。尽管我们都会谨慎地决定是否与陌生人交谈，但吉利安·桑德斯特伦的其他研究表明，被陌生人搭讪的人其实很少会拒绝交谈。[30]

你下次坐火车时可以想一想是否会和陌生人搭讪，谁知道呢，也许你会问邻座的人："你是否曾经秘密地预感到自己会以怎样的方式死去？"——这是36个问题中的第7个问题。也许他们会热情地回答你的问题，而不是嘟囔"真是个怪人"，然后起身走到车厢的另一头。

其实，吉利安·桑德斯特伦甚至认为，与陌生人交谈是一种善举。她发现，陌生人之间的对话不一定非要涉及生死才能产生有益的影响。即使看似表面的对话和微不足道的互动，也能凸显人与人之间的联系和人性共同点。由此可见，尽管网络言论或政治观点经常出现两极分化，但人与人之间确实有一些共同点。

就像泰特现代美术馆中的那些志愿者一样，我们同样也会担心，主动与陌生人交谈时可能会遭到拒绝。桑德斯特伦通过一个应用程序给参加实验的志愿者设定了在短时间内与陌生人进行多次对话的任务，结果大多数人都得到了积极回应。同时她也发现，许多人会尝试避免与陌生人交谈，有些人甚至害怕与陌生人交谈。同样，这些人也会担心，对方会不喜欢交谈，会不喜欢他们。[31]这些发现都能说明，人是一种非常善良的生物。

正如前文提到的，外向性得分高、羞怯性得分低的人在主动与陌生人交谈时会比较不紧张。善良测试更能证明这一点。更重要的是，无论性格类型如何，喜欢与陌生人交谈的人通常都会收获来自他人的更多善举。此外，他们还会在周围观察到更多善举，而这种发现会让他们感觉自己生活在一个充满关爱的美好世界中。

我也想知道，这个世界是否会因此而变得更美好。很多人都认为，在第一次新冠疫情封控期间，陌生人之间更有可能微笑和交谈，而善良测试的主要发现包括：至少三分之二的英国人认为新冠疫情让人们变得更善良。原因可能是，由于自我隔离和社交距离的限制，我们与他人的互动变得十分有限，因此会格外重视能够建立起来的人际关系。

目前，许多国家已经取消了交往和会面方面的限制，但还不能确定这种趋势是否会一直持续。如果我们在疫情流行期间主动与陌生人交谈，也许以后遇到类似情况时就不会害怕了。

用心倾听，认真阅读

无论交谈对象是陌生人还是朋友，同理心和善良的关键都在于善于听，而且是用心听。我们经常以为自己在倾听，其实注意力并没有想象中集中。我知道自己也是这样，即便是在播客和广播节目中采访嘉宾的时候。为了避免出错，避免向嘉宾重复提问（因为在需要考虑多方面因素的情况下很容易失误），我的确很努力地集中注意力，但还是做不到无条件倾听。因为我需要不时地看向时钟，确保节目时长符合要求；我需要留心线路质量，避免无线网络在某个时刻断线导致设备无法连网；我需要注意制作人是否建议向嘉宾提出追加问题或提醒我节目该结束了。

同样，我相信很多听众都认为自己在全神贯注地听我的节目，但很多时候他们都被其他事情分散了注意力。认真听并不是一件易事。

很多时候，我们会对别人说的话"左耳进，右耳出"，把它们当作无关紧要的唠叨，尽管这些话并不是很重要。但有些时候，我们需要真正用心去听。凯瑟琳·曼尼克斯多年来一直在姑息治疗领域为濒死患者提供服务，她的著作包括《当我们必须谈论死亡与别离时》(Listen: How to Find the Words for Tender Conversations)。[32]她认为，如果你想在个人生活中与他人进行特别重要的对话,你需要做一个"倾听者",而不是"健谈者"。倾听时,你必须做到谦逊大方,全身心投入,只有这样,你才能真正理解他人的观点,向他人施与真正的善举。

不过,除了倾听,还有一个方法,那就是先前提到的认真阅读。小说家艾莉芙·沙法克在她最近出版的《如何在分裂的时代保持理智》(How to Stay Sane in an Age of Division)一书中认为,如今我们的阅读太过肤浅,经常通过社交媒体获取一小部分片段式信息,其中一些还是错误信息。[33]对于这个问题,她觉得我们应该多读书,多读一些篇幅较长、作者真正投入时间创作的好书。

你可能期待有位知名作家站出来反对这个观点,毕竟有更多的人认真阅读会为沙法克带来更多利益,但许多科学证据也支持沙法克的观点。研究表明,阅读小说可以带来许多改变,包括志愿服务人数增加、投票选举意愿增强等。[34]小说阅读的神秘力量在于,它像一套观点采纳培训课程,可以潜移默化地改变我们的观点。

亚里士多德曾说,有两种情绪在我们观看悲剧时占了上风:(对角色的)同情和(对自己的)恐惧。我们甚至不一定能注意到,自己会代入角色(比如安提戈涅)的处境,我们会将他们的应对和自己在过去的乃至未来可能事件中的反应相比较(所幸我们很少有人会遭遇被活埋于山洞的困境)。加拿大认知心理学家基思·奥特利将小说称作"心灵的飞行模拟器"。正如飞行员可以通过飞行模拟器进行飞行训练,我们也能通过阅读小说感受自己成为另一个人的感觉。奥特利在研究中发现，当我们开始对小说中的人物产生认同感时，就会开始考虑他们而非我们自己的目标和欲望。[35]他的研究还表明，人们阅读的小说和非小说类文学作品越多，对人际关系的洞察力越敏锐，越能看懂他人用眼神传递出的情绪。[36]

良好的阅读需要心智理论技能，这种技能使我们能够理解他人可能与我们持有不同的观点，同时让我们能够在"现实世界"的社交互动中游刃有余。研究表明，当我们读到书中人物的感受时，大脑中与思维理论有关的部位会被激活，尽管我们知道这个人物是作者编造的。[37]不仅如此，当我们读到"踢腿"这个词时，大脑中与身体做出踢腿动作有关的部位会被激活，而如果我们读到书中的人物拉了一下灯绳，大脑中与抓握动作有关的部位就会变得更加活跃。[38]

我最想知道的是，如果我们可以通过阅读提升理解他人情绪的能力，这种能力提升是否就会转化为实际善举。为了验证这一点，研究人员采用了许多心理学专业学生有时会采用的方法：假装不小心把一捆圆珠笔散落在地上，然后看看谁会主动帮忙捡起。在这项研究中，在圆珠笔掉落事件发生前，参加实验的每个志愿者需要先完成一份情绪调查问卷，其中穿插一些测量同理心水平的问题。接着，这些志愿者阅读一个短篇故事，并回答关于阅读过程中个人感触的一系列问题。然后，实验人员表示他们需要到另一个房间取东西,当他们正要出门时,"不小心"掉落了6支笔。实验结果表明,那些对故事最有感触、对人物表示最多同情的志愿者更有可能帮忙捡起散落在地上的笔。[39]

当然,选择阅读小说的人可能一开始就比较有同理心。为了准确说明这种可能性,首先需要测量所有志愿者的同理心水平,然后将他们随机分成两组,一组需要在数年或数十年时间里阅读大量小说,另一组则不需要阅读小说,这段漫长时间过后,再次测量这些志愿者的同理心水平,以确定阅读小说是否产生了任何作用。不过,目前还没有人做过这样的研究。人们可能愿意花几小时或几天时间参加心理学研究,但这种耐心是有限度的。

因此,我们依据的研究成果也只是考虑阅读对同理心水平的短期影响。在2013年的某项研究中,荷兰研究人员(部分学生)阅读一些关于希腊暴乱与荷兰解放日的报纸文章,部分学生阅读葡萄牙诺贝尔奖得主若泽·萨拉马戈著名小说《失明症漫记》(Blindness)的第一章。在这部小说中,一个男人在车内等红绿灯时突然失明。车内的乘客答应送他回家,一个路人承诺会帮他把车开回家,但他的车从此下落不明。其实,那个路人是一个偷车贼。研究发现,阅读《失明症漫记》的学生,他们的同理心水平在读完故事后立即上升,而且对这个故事深有感触,一周后,这些学生的同理心得分高于那些阅读报纸文章的学生。[40]

由此,我们可以初步断定,阅读小说很可能让我们变得更善良。一些医学院的学者认为,小说阅读可以产生重要的积极影响,因此在课程大纲中加入了文学模块。例如,加州大学欧文分校家庭医学系便采取了这种做法,该系教授约翰娜·夏皮罗坚信,让医学学生阅读严肃小说会使他们成为更好、更有同理心的医生。[41]

在本章末尾,我想从小说话题转向现实情况,分享我在善举日记中记录的一则日记,这则日记可以充分说明从他人角度思考问题有助于激发善举。

星期二下午7点10分

下班回家后,我发现我家门前的台阶上有一个黄色的小浇水壶。我问了一圈,旁边的邻居都说这个浇水壶不是他们的。所以我认为,这个浇水壶可能是陌生人留下的,他自己不需要浇水壶,从我家门前经过时发现我的小前院里开满了花,于是为我着想,觉得我一定需要一个浇水壶。他可能认为我会喜欢这个黄色浇水壶,所以决定把它留给我。我无从感谢这个陌生人,但这个浇水壶的大小正好适合我的小前院。每次用它浇水的时候,我都会想起这个陌生人的善意。这件事甚至可以弥补之前水仙花被盗带给我的失落感。

最近一次他人施与的善举
善良测试

- 我的朋友送了我一颗鲨鱼牙化石。
- 走山路时,我不小心滑倒,摔伤了膝盖,有人用香熏精油帮我按摩受伤部位,还扶我坐起来,避免我在众人面前尴尬!
- 11岁的女儿给我写了一张纸条,告诉我她是多么爱我。
- 我得到了一个陌生人的真心赞美。
- 我住在一个偏远的与世隔绝的农场里。伴侣中风后,只能由我照顾。朋友和邻居每周都会给我打电话,让我振作起来。
- 我在美容师面前因为一件私事大哭,她用亲切的话语不断安慰我,让我慢慢平复自己的情绪。她是一个非常温柔体贴的人。
- 有人给我发了一段非常精彩的视频剪辑。
- 我买咖啡时发现自己没有带钱包,咖啡厅店员免费给我做了一杯咖啡。后来想补上咖啡钱时,店员没有收。
- 我的妻子帮我找到了眼镜!

7

Anyone can be a hero

第7章

任何人都能成为英雄

"有时候你是一只虫子，有时候你会成为挡风玻璃。"[1]这是二等兵约翰逊·贝哈里的语录之一，他曾在2004年的伊拉克战争中从敌军伏击中救出两名同部队的战友，后来被授予英国最高军事荣誉"维多利亚十字勋章"，如今是英国家喻户晓的陆军士兵。贝哈里坚称解救战友是他的职责，他从不认为自己有什么了不起的英勇事迹。[2]

我没有见过约翰逊·贝哈里，但我见过另一位英雄——英国陆军准下士马修·克劳奇。2008年，克劳奇在阿富汗赫尔曼德省巡逻时碰到一根引线，触发了一颗地雷，当时他只有不到7秒钟时间决定是否冒着生命危险去挽救战友的生命。"我在脑海中设想过这个场景，发现根本没有地方可以躲避。逃跑是没有意义的，因为你肯定会被弹片击中。"

于是，克劳奇扑到地上，翻了个身，用他的背包压住即将爆炸的地雷。他被炸到了空中，最后落在好几米之外。"过了30秒，我才意识到自己肯定没死。"[3]事实上，除了流鼻血和鼓膜穿孔外，他没有受到其他严重伤害，这着实令人震惊，因为他的背包已经完全被炸毁了，不过这个破损的背包目前正在伦敦的帝国战争博物馆中展出。

在这起突发事件中，克劳奇和他的战友之所以能够获救，是因为克劳奇知道在特定情况下应该如何应对，并且能够保持足够的冷静和镇定，最后根据情况采取行动。他表现出的果敢并非源于本能的驱动，而是因为他的头脑足够清醒，能够将平时的训练内容付诸实践。

马修·克劳奇后来被授予"乔治十字勋章"，他和约翰逊·贝哈里一样，一直对自己的英勇事迹保持谦逊的态度，认为任何人面对同样的情况都会像他那么做。

平民英雄

你相信自己能成为像贝哈里和克劳奇那样的英雄吗？说实话，我对自己有几分怀疑。幸运的是，我没有生活在那个战火纷飞的年代。但在某些情况下，我可能需要勇敢地采取行动。例如，在火车站候车时，站台上的人可能不慎跌落到火车轨道上。如果发生这种情况，我会跳下铁轨，从迎面而来的火车前救出这个人吗？或者，我是否会像许多旁观者一样，眼睁睁看着这场可以避免的悲剧发生而不采取任何实际行动吗？

圣保罗大教堂与伦敦博物馆之间的那片"绿洲"也许可以证明我会在这种情况下挺身而出，尽管我对自己有所怀疑。所谓"绿洲"就是普士文公园(Postman's Park)，也称邮差公园。过去，公园南端有一栋邮政总局大楼，许多邮差经常于午休时在公园闲逛，这个公园也因此得名。公园里的花草修剪整齐，全部经过精心打理；公园毗邻阿尔德盖特圣博托尔夫堂，和许多伦敦小公园一样，这个公园早先也是一块墓地。

2021年3月，在英国第三次新冠疫情封城期间，我陪丈夫在一个寒冷的春天的早晨来到这个公园，在这里散步很久。我们这次来普士文公园的主要目的是参观公园里最著名的景点——沃茨英勇自我牺牲纪念碑(Watts Memorial to Heroic Self-Sacrifice)。这个景点有一个木制回廊和釉面瓷砖制成的54块石碑，这些石碑固定在沿回廊的墙面上。每块石碑上都简要讲述了一个"平民英雄"的故事,而所谓"平民英雄"指的是舍己救人的某个普通人或一群人。

纪念莎拉·史密斯的石碑上写着,她是一位年轻的哑剧演员,1863年1月24日在伦敦王子剧院竭力扑灭同伴身上的火焰时,不幸受伤死亡。另一块纪念阿瑟·斯特兰奇和马克·汤姆林森的石碑上写着,1902年8月25日,他们在试图拯救不小心陷入林肯郡流沙中的两个女孩时,不幸被流沙吞没。

这个纪念碑景点于1900年7月开放,是维多利亚时代著名艺术家乔治·费德里科·沃茨的心血的结晶。这些发人深省的感人故事表明,英雄并不是士兵和紧急服务人群的专属称号,英雄可以是不起眼的普通平民,与年龄、性别和背景无关。历史学家约翰·普莱斯围绕沃茨纪念碑编写了一本精彩著作,他在书中指出,"日常英雄主义"有各种表现形式。他还在书中写道:"沃茨纪念碑讲述的英勇事迹中不乏冲进火灾大楼或跳下铁轨拯救他人的日常英雄……他们的英勇行为是由当时情况的紧急性和危险性所决定和推动的,在某种程度上,具有戏剧性和悲壮性。"[4]除了这些舍己救人的壮举外,"英雄主义还包括无私奉献、专业承诺和责任以及私下行善等"。我认为,英雄主义行为也许是人类善良品质的最高形式,使人们愿意为了拯救他人而牺牲自己,有时拯救的甚至是素未谋面的陌生人。

新冠疫情发生期间,许多医疗人员不顾自身安危奋力挽救他人性命,而所有经历过新冠疫情的人都会对舍己救人的威廉·卢卡斯感到深深惋惜。卢卡斯是一名年轻医生,他在危急情况下为一名白喉儿童患者做了紧急气管切开术。在使用氯仿麻醉的过程中,卢卡斯的脸上沾满了孩子咳嗽、打喷嚏喷出的黏液,而这些黏液具有传染性。卢卡斯深知这种情况下的传染风险,但他还是坚持继续手术,没有暂停手术去洗脸,手术得以按计划完成。[5]我不知道那个儿童患者是否因卢卡斯勇敢无私的职业精神而得以存活,只是当时年仅23岁的卢卡斯不幸在几周后去世了。

纪念卢卡斯的石碑上还讲述了另一名医生——塞缪尔·拉贝斯的感人故事。在拉贝斯的故事中,一名白喉儿童患者的呼吸道被黏液堵住,拉贝斯在明知危险的情况下仍选择用嘴吸出黏液。人们也像纪念卢卡斯一样,通过多种方式纪念拉贝斯,例如有人在《旁观者》(Spectator)杂志上发表了一首颂扬那些鲜为人知的英雄主义善举的诗:

你不需要战斗的呐喊唤醒青春热血、激发英勇行为、满足名誉虚荣心。你一直在行进路上谦逊待人,默默奉献,人们甚至并不知晓你的姓名。[6]

沃茨纪念碑还纪念一些儿童的英勇行为,其中包括11岁的所罗门·加拉曼,他在白教堂商业街上设法拯救被碾压的弟弟时身受重伤,最后不治身亡。据报道,小男孩所罗门被送入医院后,在狄更斯式的凄美场景中与他的母亲进行临终告别:"妈妈,我快死了。他们把弟弟带回家了吗?我救了他,但我没办法救我自己。"[7]其他石碑记录了一些小男孩挽救朋友的感人故事——所有这些儿童的英勇行为都可以推翻第1章提到的一个错误观点——儿童往往很自私，完全不会为他人着想。

有一块石碑纪念的是维多利亚时代最著名的女英雄之一——玛丽·罗杰斯。她是斯特拉号(Stella)蒸汽船上的一名乘务员，这艘船定期在南安普敦和根西岛的圣彼得港之间航行。1899年3月30日，当时玛丽44岁，正在进行复活节特别游览活动的斯特拉号在撞上奥尔德尼岛附近著名的卡斯奎茨岩石后沉没。当时船上有190人，其中86名乘客和19名船员死亡。在事故中献出生命的船员包括斯特拉号的船长。幸存者德雷克小姐说："全体船员都是英雄。"[8]只是玛丽的英勇事迹最受人关注，因为另一位幸存者曾匿名在1899年4月15日的《泽西时报》(Jersey Times)上发表证词：

罗杰斯夫人十分耐心、冷静，把她船舱里的所有女乘客带到船边，给她们套上救生腰带后，把她们扶上救生艇。后来她转身发现有一位年轻女士没有救生腰带，于是坚持把自己的腰带系在她身上，并把她领到快速充气的救生艇上。水手们纷纷喊道："快跳进去，罗杰斯夫人，快跳进去。"当时水面离救生艇顶部只有几英寸。"不，不行！"她连忙说，"如果我跳进去，救生艇会沉的。再见了，亲爱的人们。"然后她举起双手呐喊："老天啊，救救我。"话音刚落，斯特拉号随即沉入大海。[9]

虽然这段叙述带有浓厚的维多利亚时代的戏剧色彩，但这的确是第一手资料。毫无疑问，玛丽·罗杰斯在这次事故中表现得格外冷静、善良，充分体现了自我牺牲精神，还拯救了许多人的生命。因此，她受到了大家的敬仰，南安普敦、利物浦和圣彼得港以及普士文公园都有她的纪念碑。

我相信玛丽·罗杰斯也会和年轻医生卢卡斯和拉贝斯一样拒绝接受"英雄"或"女英雄"的标签。她会认为，作为斯特拉号船员中的一员，她只是在完成她的工作。她的故事让我们知道，恪尽职守的信念如何激励人们做出无私的举动。另一篇关于玛丽临终时刻的报道写道，一位乘客恳求玛丽跳进一艘拥挤的救生艇，但玛丽回答说："不，我的位置在这里。"

英雄主义的平凡

长期以来，心理学家一直更有兴趣研究人性中的"恶"胜过"善"的主题。但自20世纪80年代以来，越来越多的人开始研究人性中的"善"。心理学家菲利普·津巴多的研究是其中的典型。津巴多因1971年斯坦福监狱实验而闻名，这个实验似乎证明，如果普通人能够控制别人，他们很快就会开始虐待这些人。[10]多年来，这项研究的方法和结果经常受到怀疑，产生争议。[11]显然，这个实验本身或它采用的方法并不像听起来那么简单。不过，津巴多不仅对作恶动机感兴趣，他还想了解人的行善动机。于是他创立了英雄想象计划（Heroic Imagination Project）——一个非营利组织。他的创立初衷是希望通过心理学研究让人们知道，如果遇到合适的时机，每个人都可能成为英雄。显然，这个目标很远大。2021年，经过10年时间，津巴多的研究团队在12个国家训练了3.5万人。津巴多表示，这些人正在"从个人英雄主义行为转向集体英雄主义的群聚效应，进而将当下的敌对想象转变为更普遍的英雄想象"[12]。

这是一项激动人心的发现。另外，为了证明每个人都能成为英雄，但只有少数人是超级英雄，研究过程中还展示了一张津巴多教授的大彩照，照片中的津巴多穿着一件超人T恤，只是字母S变成了Z。我曾当面采访过津巴多，他是一个有英雄色彩的人，所以看到那件T恤时，我并不觉得奇怪。我有一张和他在旧金山天际线前的合照，照片中的他还穿着一件印有自己大头照的T恤。无论如何，他本人以及他创立的机构一直在鼓励每个人意识到，我们可能在必要情况下做出英雄式的善举，从而挽救他人的生命。他的研究工作具有重要意义，也改变了我对英雄式善举的看法。经过多年对英雄主义的研究，津巴多得出结论：首先，每个人都有能力做出英雄行为，英雄主义肯定不是少数精英的专利；其次，英雄事迹的主人公通常会在事后对自己表现出的英勇精神轻描淡写，坚持认为他们只是出于本能，换作任何人都会和他们做出同样的选择。[13]主人公自己对日常英雄主义的这种明显淡化，津巴多和他的合著者芝诺·佛朗哥首次提出了"英雄主义的平凡"(the banality of heroism)，这个概念与哲学家汉娜·阿伦特主张的"平庸之恶"(the banality of evil)遥相呼应。阿伦特用"平庸之恶"解释了为什么看似正常的人可以在大屠杀中做出可怕的行为。(注：斯坦福监狱实验的部分灵感来自阿伦特)当然，如果不是因为许多被贴上英雄标签的人认为自己只是不起眼的普通人，那么根据"平庸之恶"提出的"英雄主义的平凡"这种说法听起来可能有点冒犯和轻视。不过，那些英雄们也许比其他人更愿意接受这种说法。

除英雄本人外，其他人往往不会认同"这其实没什么"的说辞，会把这种说辞当作一种真正的谦虚，而这只会让我们更加崇拜这些英雄。我们会感觉"这些人不仅非常勇敢，还非常谦逊"，从而对他们产生更高的敬意，同时将自身想象中的行为与他们的英勇举动进一步拉开距离。

我们很难研究英雄群体的人格特征，因为他们只有在做出英雄行为后才会被认定为英雄，而且我们无法知道这种经历本身没有在某种程度上改变他们的人格。所以我们需要了解他们在成为英雄之前的经历，回到这些形形色色的人来自各行各业这一事实。我们似乎都有同一个疑惑：这些特别的人在做出特殊举动之前，并没有什么明显的特殊之处。

当人们被问及英雄有哪些人格特征时，有些人最容易联想到的形容词仍然是"勇敢"和"有胆量"，此外，还有"体贴""善于助人""富有同情心"等词，而在善良测试中，这些也是人们用于解释善良含义的前五种品质。[14]这说明，在我们看来，英雄是善良、无畏的人——这是一个重要见解，因为按照这个说法，英雄主义的范围更大，更多的人可以被称为英雄。

另外，有关研究还需要解释，为什么许多人都拥有的这种无私精神会在某些情况下转变为实际的英雄主义行为，而有些人却未能做出英雄式反应。其实，英雄行为在某种程度上取决于当时所处的环境。因此，我们之所以不相信自己会跳进运河去救一个溺水的孩子，可能是因为我们没有遇到过这种情况，而不是说我们不会做出这样的举动。如此看来，有些人能成为英雄不仅是因为他们做了什么，也因为他们有机会那么做。

当然，这也说明人们展示英雄主义的机会必然是有限的。或者说，只有少数人能成为众人瞩目的英雄，比如在战场上拯救战友的士兵或在火灾中舍己救人的好心人。这可能是所有人心中的英雄，在这类情况下，任何人都可能见义勇为，但这种不属于"日常的"英勇行为，因为不会每天都能发生这类悲剧和事故。著名心理学家比布·拉塔内和约翰·达利在1969年进行了一项经典研究（具体见后文），据他们估计，普通人一生中遇到紧急情况的次数不到六次。[15]

正如我暗示的那样，英雄主义的含义和范围一直在扩大，涵盖了越来越多的人类行为。对美国卡内基奖章（表彰平民英勇行为的一种奖章）进行的研究发现，获得卡内基奖章的男性远多于女性，部分原因是许多奖项涉及体力行为。但相对广义的英雄主义包含大量女性。第3章讲述了阿比将肾脏献给陌生人的故事，事实上，肾脏捐献者通常以女性居多，这种自我牺牲行为同时体现了善良和勇敢两种品质。

在传统定义中，英雄通常指伟大的领导者或战士（通常是男性），他们在报效国家的过程中表现出英勇无畏的精神。心理学家芝诺·佛朗哥将英雄主义分为三种。在他的分类中，约翰逊·贝哈里、马修·克劳奇、拿破仑或亚历山大大帝这类历史人物以及见义勇为的消防员和警察属于"军事领域"的英雄。但至少从19世纪中期以来，正如沃茨纪念碑所展示的，人们同样重视另外两个领域的英雄。在佛朗哥定义的分类中,"民事领域"的英雄主义涵盖平民从火中救人、旁观者制止斗殴等勇敢行为,而"社会领域"的英雄主义涵盖举报、乐善好施、排除万难、潜心科研等行为。[16]

如果我们赞同佛朗哥对英雄主义的分类,就容易发现,普士文公园展示和纪念的基本上是"民事领域"的英雄。我将在下一节聚焦疫情期间的英雄人物,列举一些我认为属于"社会领域"的英雄个人和群体。

抗疫英雄

2020年元旦清晨,牛津大学首席科研学者萨拉·吉尔伯特仍穿着睡衣,但已经起床阅读"病毒性肺炎"发生的报道。也许全世界的人都该感谢吉尔伯特教授,因为她并没有像大多数人一样在派对狂欢后睡个悠长的懒觉,而是以最快的速度召集研究团队开始研发可以抵抗这种病毒性肺炎的疫苗,不久后,世界卫生组织将这种肺炎正式命名为"新型冠状病毒肺炎"。

自2014年埃博拉病毒疫情发生以来,吉尔伯特教授和她在牛津大学詹纳研究所的团队一直在研究这种病毒,已经研发出一种通用疫苗,这种疫苗对其他更具体的疫苗研究工作具有重要参考价值,可以帮助应对日后出现的任何致命病毒。她曾在BBC的采访中告诉我的同事詹姆斯·加拉格尔:"我们一直在为某种疾病做准备,一直在等待这种疾病的到来。"[17]

毋庸置疑,吉尔伯特教授的研究成果拯救了数百万人的生命，没有他们研发的疫苗，我们的生活不可能慢慢恢复正常，尽管和疫情前仍有差距。如果这不是伟大的奉献，不是值得自豪的成果，那么我不知道什么才是。

这是英雄主义吗？我觉得是，而且确实也符合佛朗哥定义的"社会领域"中的英雄。除了现在已经获封"女爵士"头衔的萨拉·吉尔伯特，还有许多其他病毒学家、流行病学家和数学建模分析者属于这个领域的英雄，尽管某种程度上他们"只是在履行职责"，但他们确实也在职责之外做出了巨大贡献。如果听到政界人士高谈他们如何不知疲倦、夜以继日地抗击新冠疫情，我们可能会对他们产生反感，但这些描述确实是吉尔伯特教授等人的真实日常。如果忽略职业中的过劳影响，虽然这些科研工作者没有让自己置身危险之中，但他们一直在竭尽所能地为他人谋福利，确实表现出令人钦佩的人性和无私精神。

一线医务工作者也属于"社会领域"中的英雄。

在疫情最严重的那18个月里，我在播客节目中采访了许多医生、护士和其他一线人员。在这些人的叙述中，最令人触动的是，他们不仅需要完成繁重的医疗工作，还必须表现出极大的善意，无论工作多么令人痛苦，他们都觉得自己能够完成任务。医院和疗养院出于对患者家人和朋友的安全考虑，不允许他们进医院探病，因此最后能安抚患者的人便只剩下医生、护士和辅助人员了。除了照顾患者吃药和执行医疗程序外，这些专业人员经常在患者临终前给他们送去温暖的拥抱。

2020年3月，我好朋友乔的母亲因为感染新冠在英格兰的一家医院内奄奄一息，而当时她远在1.1万多英里之外的新西兰，根本无法飞到病床边陪伴她的母亲。我和其他朋友也只能通过网络途径与她的母亲宝拉交谈，不断安慰她。众所周知，护士在工作时总是非常忙碌的，但每次我的朋友和宝拉通电话时，有一名护士总是耐心地把电话机放到宝拉耳边，并且紧紧握着她的手。我们只能通过这种方式帮助传递世界另一端的女儿对一个垂死母亲的关切。护士的这种善举对乔来说是很大的安慰，希望对宝拉也是一样。

其实，大多数护士和医生的职责并不包括拥抱垂死患者或帮助垂死患者与亲属进行最后的告别。这样的举动对医疗专业人员而言并非易事，正如上一章所讨论的，他们已经学会私下与患者保持距离，尽量收起对患者过多的同情心，理智面对患者的痛苦和悲伤。因此，当他们代替不在患者身边的亲属给予患者安慰时，可能会在某种程度上感到尴尬、不适甚至不自然。

与大多数只经历过一次生离死别的亲属不同，医院和疗养院的工作人员在疫情最严重的时期目睹了一次又一次的丧亲之痛。他们有时会和一些患者谈论有关生死的话题，但第二天回到工作岗位时却发现其中一些患者已经不幸离世，原来的病床又转来了同样生病的新患者。有时他们与患者的最后一次对话是询问对方是否同意上呼吸机，并解释如果不同意，他们肯定会死亡，即使同意，存活的可能性也只有50%。所有这些工作都可能使医疗人员遭受心理学家所说的精神损害。如果他们对患者情况的反应不充分，就会导致他们产生内疚感和羞愧感，进而发生精神损害。

这在一定程度上解释了为什么第一次疫情封城期间有些

医生和护士反对定期在周四晚上举办"为英雄鼓掌"的活动。他们知道,那些在门阶上鼓掌喝彩的人都是出于好意,但他们并不认为自己是英雄,而是一群普通的医疗工作者。

另外,英雄标签可能会让人感到有压力,因此有人建议把这种行为视为一种特殊的善举,而不归入英雄主义的范畴(实际上,这种行为本身也是一种善举)。此外,这种"概念重构"也可以让英雄主义平凡化,让更多的普通人有机会成为英雄,这样也许可以缓解所谓"旁观者效应"产生的一些负面影响,我将在本章的后文中探讨这种效应。

我们也不能忘记新冠疫情流行期间另一位伟大的英雄——汤姆·穆尔船长,虽然他已经亡故,但他是危机时刻的另一种社会英雄。年近百岁的汤姆爵士在自家花园里来回走了100圈,为NHS慈善机构筹集了超过3000万英镑的善款,许多人都知道他的善举。值得一提的是,第二次世界大战期间,汤姆爵士在印度和缅甸服役。

毫无疑问,他在军事行动中展现了作为军人的勇敢。但我也和大众一样,认为他是"社会领域"的英雄,因为他在年事已高的情况下仍然竭尽所能筹集善款,并在最需要的时候展现出如此温暖、阳光和善良的一面。

社会英雄的重要标准之一是能够对他人起到积极的激励作用。传统形式的英雄主义只有在特殊情况发生时才会出现,而这些情况是不能制造的。例如,放火烧邻居的房子,然后冲进火场去救他们,这显然不是英雄主义。但在参加慈善活动或发起公益活动方面,我们所有人在一定程度上都可以追随榜样的脚步，在他们的激励下不断前进。我们也可以成为他们口中所说的"慈善发起人"。

汤姆爵士当然也是一位慈善发起人，他发起过许多类似的筹款挑战。虽然每天上下楼梯10次或每天坐着轮椅在公园里绕行的其他老年人没有像汤姆爵士一样获得全世界的关注，但他们确实在以自己的方式表现同样的英雄主义和同情心，而且也能对他人起到激励作用。事实上，社会英雄主义的影响会疯狂蔓延，就像病毒传播般迅速。

抵制旁观者效应

他人的激励和鼓舞的确可以让我们做出英雄般的举动，但有时他人的影响也会阻止我们做出正确的事情。你肯定听说过"旁观者效应"，即目睹犯罪或紧急情况的人越多，他们越不可能介入或提供帮助。心理学家约翰·达利和比博·拉塔内在1968年进行了一项经典研究即"紧急情况下的旁观者干预"研究，首次提出"旁观者效应"。达利和拉塔内是在听闻1962年著名的凯蒂·吉诺维斯案件（我在第1章中提到过）后才开始他们的研究的。据称，当时有38名目击者看到凯蒂被刺伤，但这些人没有采取任何行动。其实，旁观者效应并不像有些人声称的那般普遍，有些人甚至严重误解了这种效应。

如果人群中发生了不好的事情，我们就会在某种程度上想当然地认为有人会挺身而出。你可以对抗攻击者，而你旁边的人同样也可以，那么为什么不把见义勇为的机会留给他们呢？另外，还有一个事实是，在场所有人需要共同承担这种不作为产生的责任。假设你没有挺身而出从劫匪手中夺枪，而其他人也没有，那么你也不能被单独问责。

如果你发现自己需要援助，其实你也可以利用这种旁观者效应。遇到紧急情况时，不能只是向过往人群大声呼救，而应该从中选出一人。"穿绿夹克的那位朋友，请帮忙报警！我需要帮助！"如果被指定的人认为他们有责任采取措施，那么他们帮助你的可能性将更大。

如今，有些地方的人往往只关注自己的生活，甚至不与邻居往来，这种生活方式也是导致旁观者效应的另一个原因。例如，一起谋杀事件发生后，受害者的邻居在接受记者采访时经常这样描述受害者："这个人总是独来独往。"因此，即使有机会，人们也不愿意介入去帮助几乎不认识的人，特别是这种帮助很可能让自己陷入十分危险的境地。我们总以为自己生活在邻里友好、大家都有社区意识的和谐之地——你可能在一起谋杀事件发生后经常听到人们对记者说："我不敢相信我们这里竟然会发生这样的事情。"——但在渴望成为乐于助人的邻居的同时，我们也经常因为不想多管闲事而选择袖手旁观。善良测试的结果显示，人们不愿多行善的主要原因是害怕这些行为会被人误解。

另外，我们也担心自己可能弄错情况，这样会使双方变得更尴尬。在紧急情况下，我们往往不清楚到底发生了什么。因此，按照常理，我们都会犹豫不前，先去了解正在发生的情况，而不是一头冲进潜在的危险中。我们会通过一系列的认知过程帮助自己决定是否施以援手，当有其他人在场时，我们还会考虑自己是不是最适合提供帮助的人或考虑其他人看起来有多么担心。我们的大脑会在紧急情况下快速寻找一些问题的答案,例如不远处的那个人是否比我更强壮、比我更擅长游泳?我向那些孩子做些什么才能帮助他们脱困呢?在场的其他人会不会以为那些孩子只是在水里玩耍,而不是在挣扎呼救?我们不想搞错状况。

我设想了一个英雄和旁观者在火车站看到有人遇险时,他们的思维过程会有什么不同,具体差异如表1所示。

表1 有人遇险时英雄和旁观者表现差异

	英雄	旁观者
观察事件发生情况。	"啊,不好!有人不小心从站台上跌落,掉到铁轨上了。"	"啊,不好!有人不小心从站台上跌落,掉到铁轨上了。"
评估需要采取的措施。	"必须有人跳下去帮助这个人。我应该跳下去吗?"	"必须有人跳下去帮助这个人。肯定有其他人比我更适合跳下去。"
评估是否采取行动。	"必须有人采取行动,否则这个人可能会被下一列火车碾死。这很危险,我要去救人!"	"如果我跳下去,旁边的人会怎么想?如果我弄错了情况怎么办?这可能很危险。谢天谢地,有人已经跳下去了。这个人真是好样的!"
事后解释个人行为。	"任何人都会这么做。我只是出于本能做了该做的事。"	"我不是什么英雄。我不认为自己在任何情况下都能像英雄一样见义勇为。"

当然,紧急情况下的这些思维过程会在短时间内快速完成。尽管尴尬和恐惧心理等因素会阻碍我们采取行动,但那些英雄还是会选择挺身而出。是什么让他们与众不同呢?在一篇题为《精神变态者和英雄是同一根树枝上的两根枝条吗?》的论文中,研究人员发现,那些在"无畏的支配"(一种精神病特征)

方面得分高的人渴望在社会中取得支配地位，他们不会为自己的行为感到焦虑，甚至甘冒生命危险实现这种支配的欲望。因此，他们可能会误用这种无畏的勇气，比如挑起争斗。研究人员还发现，具有这些特征的人比其他人更有可能践行英雄主义。更令人意外的是，在针对陌生人的利他主义量表上，他们也更有可能取得高分。[18]

当然，任何与心理变态有关的人格特征都有其缺点，至少可以说明英雄虽然勇敢善良，但有时也喜欢炫耀，想成为众人瞩目的中心。这种人格特征还是会引发思考。我在本书前文中对以下观点提出了疑问：如果实施善举的人自我感觉良好，甚至因此获得荣誉，那么善举的影响就会被削弱。我当然不认为这适用于英雄主义行为，否则人们为什么授予英雄奖章、举办英雄纪念仪式呢？除此之外，我们也许应该向"无畏的支配者"学习，以便在他人遭遇困境需要帮助时，我们能够克服不情愿、尴尬和窘迫的心理，及时向他人施以援手。正如善良测试结果所示，也许我们需要克服害怕、被误解的心理。

心理学家雷切尔·曼宁和马克·莱文研究了人们愿意帮助他人的其他原因。他们招募了一些曼联队的球迷进行了一项实验，安排一个人在公园里慢跑，然后假装被绊倒，伤了脚踝。这个慢跑者有时穿着利物浦队的球衣，有时穿着曼联队的球衣或普通球衣。令人欣喜的是，路人有时确实会停下来提供帮助，但如果慢跑者穿着曼联队的球衣，那么他们更有可能提供帮助。这就是支持相同球队产生的认同力量。[19]

如果有人像我一样，并不支持任何球队呢？在我看来，帮助他人与国籍、种族等无关。难道人与人之间没有人性共同点吗？

通勤者一般不具有强烈的群体认同感。他们可能都对火车服务不满，即便如此，他们最常表现出的行为也是强烈希望保留自己的私人空间，习惯于把他人拒之门外，没错，"他们总是独来独往"。但在某些情况下，原先并无关联的众多个体可以变为一个使所有人受益的集体。萨塞克斯大学的约翰·德鲁里教授已经证明了这一点，他分析了2005年7月伦敦地铁爆炸案发生后的情况。人们在急于自救时是否互相踩踏？不，他们对其他受难者十分关心。他们是不是很自私？不，他们十分体贴他人。

研究人员从新闻报纸、博客、广播纪录片和官方报告中收集了目击者的叙述，甚至还刊登广告，让目击者讲述他们的经历。在287个目击者的叙述中，只有18个目击者提到有人有自私行为（这些自私行为主要是有些乘客一直紧盯着他们的手机，似乎完全沉浸在自己的世界里，但他们并没有推搡其他乘客）。另有207个目击者讲述了现场中人们互相帮助的故事，尽管有些人担心可能发生二次爆炸或隧道坍塌，但他们还是选择留在现场帮忙。他们制作了临时绷带，绑上止血带，安慰受伤乘客，为他们提供饮用水，帮助他们起身，并为他们指明逃生路线。炸弹爆炸的瞬间，火车里的人不再是一群毫无关联的个体。有人说，他们"都在同一条船上"，或者说是同一节车厢内，这些人因为处境相同而联系在一起。这种联系并不是他们在遭遇袭击前拥有的团体身份，也并非出于他们任何人的选择，而是他们在那一刻都拥有的团体身份。他们在事发后形成了一个心理逻辑人群，这种联系有助于深入地相互合作。[20]

当然，许多人担心的一个问题是，如果我们在打斗中帮助弱势方，那么攻击者很可能把矛头转向我们，而我们也可能因此受到严重伤害。相信很多人都读过凯文·奥尔德顿的故事。

凯文是英国陆军的一名中士。1998年5月，他看到两名男子在伦敦街口袭击一名妇女，便和一个朋友选择挺身而出，但很快就被一大群人包围和攻击。在攻击过程中，其中一名施暴者试图挖出凯文的眼球。凯文的眼睛严重受伤，他原以为自己的视力会慢慢恢复，但没过几天，他几乎完全失明了。

此后，凯文开启了新的人生，他成为盲人速滑的世界纪录保持者，并作为励志演说家在世界各地巡回演讲。像许多英雄一样，他说并不后悔自己的选择，尽管他为此付出了惨痛的代价。[21]

这类故事很容易成为新闻头条，以至于警察也建议，在遇到危险时，应及时报警，不应贸然行动。在大多数情况下，这可能是不错的建议，但一些证据表明，我们往往会高估自己因介入眼前攻击行为而受伤的概率。2020年的一项研究仔细分析了在阿姆斯特丹、开普敦和兰开斯特发生的事件的监控录像。研究发现，当两个人打斗时，如果有一个旁观者进行阻止——可能是挡住其中一人或将身体挡在两人之间，这位勇敢的"英雄"不受伤的概率为96.4%。[22]而另外3.6%的情况是这个人会被打一拳或推搡几次，一般不会严重受伤。旁观者是否挺身而出与年龄无关，但如果攻击者认识这个人，就更有可能袭击这个进行阻拦的旁观者(这些人最有可能在危险情况下不顾自身安危挺身而出)。如果是完全不认识的人进行阻止，这个人受伤的概率就非常小。

我引用这项研究结果的目的并不是鼓励人们不顾自身安全帮助他人，只是为了说明，帮助有困难的人是我们的一种本能——我相信我们所有人都有这种强烈的本能，在某些情况下，我们可以安全地使用这种本能。

　　但英雄主义和善良也会体现在比较日常的生活小事中。善良测试结果表明，人们在行善道路上的主要障碍是害怕被误解。我一直坚持写善举日记。翻看日记时，我注意到自己的一种行为模式：我曾想过要做一件好事，但没有坚持到底。

　　我家附近的火车站是全国客流量最大的火车站之一，但目前仍然没有自动扶梯或电梯，所以我经常帮助有需要的人把婴儿车抬上月台，但每次帮忙时，我都会有点不安。我担心自己不能很好地平衡婴儿车，怕一不小心车里的小孩会滚下水泥台阶。不过目前尚未发生过这种情况。每次安全抵达月台时，我总是很开心。这类帮助有明确的起点和终点，我知道自己要做什么。但在我的日记中，在很多情况下我不确定自己该怎么做。

星期三下午6点45分

　　在地下停车场解锁自行车时，我看到一个女人正在用一个很小的气泵试图给她的自行车轮胎打气。我可以听到空气的嘶嘶声，轮胎并没有充足气。我应该帮忙吗？我会比她做得更好吗？她会不会以为我觉得她做不好是因为她是一个女人？我设想自己遇到相同的情况，我会希望有人主动帮我。于是，我对她说："还顺利吗？"并询问她是否需要试一下停车场内比较大的自行车气泵。她试了一下，果然效果更好。我应该等她打完气再离开吗？天已经黑了，我也有点饿，所以我真的想走了。我骑车回家还需要45分钟。于是我问她大的气泵是否有用。她说确实有用，于是我祝她好运，然后便离开了。从某种程度上说，我做了一件善事，因为我建议她使用更合适的气泵，但我好像又不是那么善良，因为我没有主动提出帮她的自行车轮胎充气。几年前，也是在这个停车场，我的自行车链条脱落了，有一个女人一把将我的自行车倒过来，为我装上了链条，然后把她沾满油污的双手直接在她的黑色潮裤上擦拭干净。这个女人真的很善良。

翻看日记时，我还有另一个发现。我经常对究竟发生了什么感到困惑，在提供帮助之前我会犹豫不决，生怕自己弄错了。就像参加善良测试的人一样，我不想被误解，也不想让自己显得愚蠢。我想我属于"犹豫不决的助人者"。以2021年11月的这则日记为例。

星期三上午9点15分

骑车上班的路上，我正在想天气有多冷时，发现另一侧马路上有一个大约30岁的男人正在快速朝相反方向走去。他穿着短裤和拖鞋，在这种天气下，这样穿真的需要勇气。他一边朝前走，一边大喊："罗拉！"我继续骑车往前走，前面的小车突然刹车，一只小猎犬穿过了马路。一个穿着雨衣的女人朝它招手并招呼道："小可爱！小可爱！"

我心想，在这条车来车往的马路上遛狗是很危险的，于是骑车继续前进。现在，你也许可以比我更快地将所有这些事情像拼图一样联系起来。但我是骑行了挺长一段距离后才把这些点联系起来。那个男人之所以穿着短裤和拖鞋，因为他并不打算在寒冷天气下外出。他的爱犬逃跑了，而狗的名字一定是罗拉。可惜他找错了方向。雨衣女之所以叫狗"小可爱"而不是直接喊名字，是因为她不认识这只狗，只是想救它，不让它跑回马路对面。我把一切都厘清了！我也许可以成为一名侦探，只是思路比较缓慢。我需要回头找那只狗，把它放到车筐里，然后找到那个男人，把狗还给他吗？他会不会以为我想偷狗呢？那个女人会不会也这样想呢？我不得不承认，我离得太远，已经帮不上忙了。我花了太长的时间来弄清楚发生了什么事，在考虑是否帮忙时也过于犹豫了。

之前看到别人搬床垫时，我也是这么犹豫不决。因为犹豫了很久，最终什么忙也没帮上。也许我需要更果断地采取行动，事先明确自己想要提供帮助的意图，即使弄错情况也只是有点尴尬而已。在大多数情况下，我很乐意帮助陌生人，因为我和他们不会再见面。也许他们会认为我有点傻或觉得我多管闲事，但这真的重要吗？

英雄主义也需要计划

几年前，我在纽约采访了一位心理学教授哈罗德·塔科西恩。塔科西恩教授于1983年发表的论文表明，为了安全、成功地阻止暴行，我们可以采用的一种策略是，考虑在特定情况下准备采取什么程度的行动。[23]

例如，如果你目睹了一场犯罪，你是否认为你在体力上能够制服罪犯？由于体型和力量悬殊，在街上追赶罪犯、用橄榄球击倒他们并坐在他们身上等到警察来，这可能有点超出你的能力范围——我在这里想到的是我自己，但你可以用手机拍下事情的经过，希望通过这种方式震慑罪犯，或者大喊你已经知道了他们的目的，然后故意让他们逃跑。

塔科西恩表示，街头犯罪屡禁不止的主要原因之一是，犯罪分子认为大多数过路人不会挺身而出。小偷和涂鸦者不太可能阅读过关于旁观者效应的文献，但他们经常在现实生活中看到这种效应，而且他们每次犯事时总能借此顺利逃脱。

旁观者效应在大城市中更是屡见不鲜，城市里的居民一般高度关注自身安全，但涉及他人时往往看不到或不想看到他们面临的危险。在一项研究中，塔科西恩和他的学生在纽约市的330个地点假装闯入汽车。这种非法闯入只需要一个人就能完成。实验研究中的"小偷"做得很明显：扫视一排停放的汽车，然后拿出衣架，花1分钟时间焦急而笨拙地用衣架打开车门锁，然后搬出车载显示器、摄像头、收音机或毛皮大衣。当然，这一切都是事先设置好的，被闯入的汽车是研究小组成员的私人财产。那么，你猜有多少次会有人阻止这个"小偷"，这个人会说些什么？

答案是21次！没错，在330次行窃中，只有21次遭到阻止。更令人震惊的是，当小偷是个女人时，有些人甚至主动帮忙撬开车门，我想这些人可能是出于善意。[24]塔科西恩告诉我，他的一个女学生对此非常恼火，她明明在撬车，却没有人质疑她，于是她走上前对过往行人说："难道你们看不到我在做什么吗？！"

　　读到这里，你可能记起以前遇到过的看似不对劲的事情，你本可以在确保安全的前提下采取行动，但可能出于惯性或害怕尴尬，你什么也没做。塔科西恩认为，避免将来重蹈覆辙的方法是记住发生过的事情，并思考下次发生类似情况时你想怎么做。以马修·克劳奇在阿富汗的壮举为例，不知你是否记得，他的勇敢源于他为特定情况接受过训练和准备，然后在情况出现时有意识地将这种训练和准备付诸行动。

　　综上所述，我认为每个人的心里其实都住着一个英雄，如果你目前还没有成为英雄，那么可能是因为特定情况尚未出现，或过去有一些因素对你造成了阻碍，但你可以在未来克服这些因素。我们需要不时地提醒自己，就像这世界远比我们想象的善良一样，生活中的英雄也有很多，尤其是"日常英雄"。

最近一次施与他人的善举
善良测试

- 我帮助一个患有多发性硬化症的朋友申请残疾津贴。
- 我让邮递员变得更高兴了。
- 《大问题》(Big Issue)杂志的卖家看起来很开心,我也这么告诉她。她很高兴我把她看作一个个体而不只是消费者。
- 我每周都免费为三个没有面包机的好朋友做面包。
- 我给一个因感染新冠而被隔离的朋友送去了一些生活用品。
- 一个陌生人的孩子在周日接受洗礼,我拍摄了一些洗礼过程的照片,并为他制作了一本相册。
- 我和孙子一起玩投掷游戏,同时聊到了返校的问题,因为他有点焦虑。
- 某人被蚊虫叮咬,我帮他擦了一些万金油。
- 早上进入办公楼时,我微笑着对每个遇到的人说早上好。
- 我把旧报纸拿给邻居做猫砂盘。
- 我帮助某人摆脱了困境。

8

Remember to be kind to yourself

第8章

记得善待自己

请看以下陈述，你符合其中的任何一项吗？

● 我担心，如果我对自己多一点宽容，少一点苛责，那么我的标准会降低。
● 我觉得我不应对自己仁慈和宽容。
● 立身处世的根本在于严于律己，而不是自我同情。
● 当我试图善待自己时，我会感到有点空虚。

羞耻感和同情心领域的领先权威保罗·吉尔伯特教授提出的量表包含15个陈述，以上只是其中4个，我在第6章中研究对他人的同情心时提到过这位教授。吉尔伯特提出的这些陈述是对他多年来与客户交谈进行总结得出的成果。这个量表已经在数千人身上进行了测试，能够可靠地衡量我们对于善待、同情自己所产生的恐惧。[1]所以，你是怎么做的呢？

如果你强烈同意以上4个陈述，那么你可能对善待自己存有戒心，不过必须完成整个量表才能确定。你可能对别人很友善，很有同情心，却很难以同样的方式对待自己。当生活出现问题时，你往往不会安慰自己，而换作朋友遇到相同的问题时，你会用温暖的话语安慰他们。你不只是在避免自我同情，你还惧怕产生这种情绪。你觉得自我同情是一种弱点，是一种妨碍。

这种倾向的一个表现可以经常在大脑中看到。在一项研究中，研究人员对志愿者进行脑部扫描，并要求他们想象自己处于一系列事情出错的情况下，比如接二连三收到面试失败的通知，然后问他们对消极后果会产生何种程度的自责情绪。神经科学家发现,对于高度自我批评的志愿者,他们的大脑中有两个特定部位——外侧前额叶皮层和背侧前扣带回——变得更加活跃,这两个部位与错误检测和解决等功能相关。[2]另外,对于更倾向于不自我责备的志愿者,他们的大脑活动模式与前者不同。后者被激活的大脑部位是脑岛和左颞极,这两个部位的功能包括对他人产生同情心、产生自豪感或尴尬等复杂情绪。

不过,这些大脑活动差异可以说明什么呢?事实证明,这些差异本身并不重要,重要的是喜欢自我批评的人与善于自我安慰的人之间存在明显差异。另外,这两类人在其他方面也存在明显差异,其中有些差异会对生活产生深远影响。

无私的人总是先人后己,经常被视为善良的典范。但在本章中,我想说的是,在善待他人的同时,也请不要忘记善待自己。自我关怀不等同于自我放纵和自我迷恋,适当的自我关怀可以让我们从中获得幸福感,促使我们帮助他人。

避免对自己苛刻

当然,适当的自我批评是可取的。我们都会犯错,每个人都有表现不好的时候。如果我们轻易无视自己的过错,立即原谅自己,便无法从中得到教训,更不会在为人处世方面获得成长和改变。但如果我们过度自我批评,那么后果可能很严重。澳大利亚研究人员对所有关于自我同情的最佳研究进行汇集分析后发现,与善待自己的人相比,那些对自我同情有恐惧心理的人通常会有更强烈的羞耻感和焦虑感,也更容易抑郁和痛苦。[3]保罗·吉尔伯特的研究也有类似发现，他的研究结果也显示，缺乏自我同情心的人往往很难与他人正常交往。[4]

对于得过抑郁症的人来说，不懂得善待自己会加重他们的痛苦。抑郁症患者往往对自己更加苛刻，认为自己不讨人喜欢，对任何事情都无能为力——而且这样的状态会一直持续。如此一来，自我批评就只会让他们越来越消极，最终陷入绝望的境地。对自己缺乏同情心也可能是抑郁症的初期表现。研究表明，自我批评可以作为预测病情的考虑因素。事实上，一项研究表明，过度自我批评可以预测三分之一以上的抑郁症病例，因此这个因素比其他任何因素都更重要。[5]另外，关于自我同情和幸福感的研究明确显示，自我同情水平较高的人往往较少出现心理健康问题。[6]

善良测试的结果也与这些研究结果一致。研究发现，善待自己的人一般比较有幸福感，生活满意度也比较高，而喜欢自我批评的人更可能感到孤独，也更可能出现心理健康问题。另外，善良测试的结果也显示，善待自己的人更善于发现日常生活中的点滴善举，而且他们也会更多地经常得到他人的善意帮助。

其他研究也证明了自我同情心可以带来诸多好处。善待自己的人不太可能思虑过重（善于把烦恼抛诸脑后），也不太可能坚持过度的完美主义，更不会害怕失败。一般而言，他们通常比其他人更有智慧，也更有好奇心、主动性、幸福感和乐观精神。[7]

综上可知，缺乏自我同情心似乎是一种十分普遍的现象，特别是在某些群体中，这不免令人担忧。对荷兰五个城市的成年人进行同情心水平问卷调查的结果显示，女性对他人的同情心水平通常高于男性，但在自我同情心方面并非如此。事实上，她们对自己的冷漠程度明显高于男性。同时，人们受教育的年限越短，对他人的同情心水平就越高，对自我的同情心水平就越低。[8]为什么会这样呢？这些人是否觉得，因为他们早早离开学校，没有上大学，所以就不值得善待自己？女孩们的家长是否在无意中让孩子认为，善待他人很重要，而同样善待自己是一种错误？

　　自我同情真的很重要，甚至可以帮助人们克服新冠疫情流行期间的种种困难。在一项研究中，研究人员在2020年4月和5月采访了来自21个不同国家的4000名志愿者，当时许多受访者正在经历封城带来的各种考验。无论志愿者来自哪个国家，研究结果显示，害怕产生自我同情心理的人一般在抑郁、焦虑和压力的测量中得分较高。[9]在研究人员进行的另一项研究中显示，善待自己的人比较不容易心烦难过，而且也比较不惧怕新冠疫情。[10]

　　当发生全球新冠疫情这类超出个人控制的大事件时，我们可能很难相信善待自己这种小事可以带来改变——但数据显示，善待自己确实能够带来积极的变化。我在想，部分原因可能是有些人很难承认自己在受苦。新冠疫情防控期间，你是否经常通过Zoom软件或其他社交媒体与人交流，许久不见的朋友只能通过视频软件互相询问对方过得如何。你也许会像我一样，先停顿一下，然后叹口气，接着这样回答："嗯，你知道……"用这种方式快速略过这个问题，"但和其他人相比，我当然也没什么可抱怨的。"突然间，人好像只要不失业、不生病，家人和朋友健在，就没有权利不开心；事实上，拥有这些的确应该感到幸运和幸福。

但这种委曲求全的感觉可能是对事实的一种否定。客观上讲,新冠疫情防控期间确实有许多幸运的人并没有受到太大影响——我当然也是其中之一,但我们仍然感到孤独,也会因为受到各种限制而深感焦虑。我们也会自我安慰,但结果往往更加不开心。我们需要在自我同情方面给自己留点余地,但这一点并不容易做到。尽管我们没有近亲死于新冠疫情,自己没有因为感染新冠病毒而住院,也没有因为封城措施而失业,但我们都在以各自的方式遭受苦难。我们都经历了一次重大的生命损失。承认这一点并想方设法渡过难关并不丢人。

事实证明,人们会对这种想法产生抵触情绪。保罗·吉尔伯特发现,那些害怕自我同情的人往往会极力抵制别人希望他们善待自己的任何鼓励。例如,医生可能对他人表现出巨大的同情心,知道这种善举对个人健康和幸福的价值,但他们可能对自己非常苛刻——他们可能不太擅长关爱自己。那么如何说服对自我同情持怀疑态度的人更加善待自己呢?(医生朋友们,请注意这一点。)

自我同情并非只关注自己

正如我所列举的,有明确证据表明,善待自己的人往往在心理方面更加健康。此外,还有一些权威性研究表明,自我同情有助于人们坚持合理饮食,少吸烟,多锻炼,应对慢性疼痛,度过离婚艰难期等。事实上,有大量证据可以证明自我同情的好处。

但你对自我同情可能仍会有一种不安的感觉,特别是如果你出生于某个时代,你可能觉得自我关爱和以我为先的做法有点软弱和滑稽。如果你为自己着想,宽恕自己,善待自己,你就会变得软弱、自我放纵、自私自利吗?

当然,在最坏的情况下,自我关怀的想法确实会招致批评,甚至嘲笑。需要明确的是,我并不是建议我们所有人都应给自己设定过多的私人专属时间,然后过度沉溺于泡热水澡、精油按摩和昂贵香熏蜡烛等个人享受中。我们的世界需要更多的善意和善举,但这并不意味着我们所有人都应在理疗馆里宠爱自己或收听那些鼓励我们极力宠爱自己的播客节目。如果任何名人宣布他们未来一年的计划是"更关爱自己",那么我会和你一样感到恼火。但是,宠爱自己也没有什么不对,泡几次热水澡也无可厚非(我自己也非常喜欢泡热水澡)。我倡导自我关怀的一个重要原因是,有证据表明,适当的自我关怀可以改变我们对待他人的方式。简单而言,懂得善待自己的人往往更懂得善待他人。

藏传佛教的教义在这方面很有用。佛教思想中的自我同情并不只是简单地善待自己。你可能正在经历挣扎和痛苦,但你需要试着体会这是全人类的共同感受。通过承认自身的痛苦,进而承认人类的共同痛苦。从这个角度来看,对自己表现出温暖、柔情和理解,是对他人表现出同等同情心的第一步。[11]

首先,自我同情可以让你有精力善待他人。这就像在飞机上得到的指示一样,在帮助他人前,你应该先给自己戴上氧气罩。在不需要为自己担心的情况下,你将能够更好地帮助他人。当然，这并不是说那些容易忽视自我幸福的人没有行善能力。事实上，善良测试发现，抑郁症患者明显具有善良的一面，那些心理健康有问题的人比非抑郁症患者更有可能花时间帮助他人，也更愿意从意外收入中抽出更高比例用于公益事业。实际上，这些受访者通常过着艰难的生活，他们需要非常努力工作才能完成利他行为。当然，实际情况并非总是如此，能够善待自己的人，一般较少受到自我批评的困扰，所处的心理状态也会让他们更容易为他人着想。

当然，善待自己并不会使你自动善待他人，但确实具有促进作用。澳大利亚的一项研究表明，这两者之间存在一定联系。研究人员连续三年跟踪调查2000名在校青少年，测量他们在不同时期的自我同情和同理心水平。[12]为了找出他们当中最善良的人，研究小组要求每个学生私下说出英语课上总是乐于助人的3个女孩和3个男孩。研究小组根据每个学生在其他学生眼中的善良程度进行排序。结果表明，学生在"善待自己"方面得分越高，他们对他人的同理心水平越高，并且越有可能进入善良同学名单。

另有研究表明，越懂得善待自己的人往往对他人更有同情心，人际关系更和谐，而且犯错时更有可能主动道歉。[13]但我必须说明一点，并非每项研究的结果都表明，善待自己的人更容易善待他人。值得注意的是，善良测试表明，善待他人和善待自己两者间只有些许关联。但我们确实发现，在人们对自己也有同情心的情况下，善待他人只与较低的倦怠水平有关。

我们不能忘记，善待自己本身也是有道理的。我想在这里效仿一些大师写下自己关于自我同情的座右铭：

如果你认为善待人很重要，那么别忘记你也是一个人，所以不要忽视善待自己。

但是否有些人现在气得咬牙切齿？我知道有些人看到这样的言论，会认为这只是懒惰、自私和自恋的借口。我理解这种担忧，但也确实想反驳一下。自我同情不应与自尊或自我夸耀相混淆。我并不是建议你到处吹嘘自己的成就或沉浸在自己的成就中。我不是主张你应该高看自己或因为自己的成就而沾沾自喜。事实上，情况恰恰相反。我是希望你能接受自己与其他人一样的事实。你和他们一样，有时也会挣扎，有时也会感到痛苦。接受这一事实并不是自我放纵，而是对自己表现出应有的温柔，就像你对待处于类似情况的其他人一样。

美国一项研究采用了测量各方面人格的量表，结果发现，明显的自恋倾向与自尊之间存在一定关联，但自我同情心水平高的人并不比其他人更有可能自恋。[14]当你失败时，贴心的朋友不但不会责备你，反而会设法鼓励你。你也可以像朋友一样安慰自己。

不要过分严厉地批评自己

在过去四天里，由于自己犯错而遭遇的最糟糕的事情是什么？并非自己犯错而遭遇的最糟糕的事情又是什么？这些是美国杜克大学马克·利里教授在三周内多次通过电子邮件向受访者提出的问题。[15]他想知道自我同情是否能够帮助人们更有效地应对挫折,而他的研究结果表明,自我同情在这方面的确大有裨益。在自我同情量表上取得高分的受访者比得低分的受访者更能冷静地应对负面事件。即使是自己的过错,他们也能够正确地看待挫折,同时也更能理解自己的情况并不独特,也并不比其他人的经历更糟糕。总而言之,研究表明,善待自己的人能够更理智地看待和应对逆境。

马克·利里后来进行的实验条件比较刻薄。参加实验的志愿者必须坐在摄像机前,在没有任何准备的情况下进行三分钟演讲,演讲主题可以是家乡、未来规划、喜欢或不喜欢大学生活的哪些方面等。研究人员告诉每个志愿者,隔壁房间的另一位参与者将观看他们的演讲过程并给予反馈。事实上,这些反馈是假的,与志愿者在任何客观意义上的表现没有任何关系。

在完全随机的情况下,一半志愿者得到较高评分,并得知演讲评估者在技巧、友善度、讨喜度、智力和成熟度方面给他们打了高分。他们还会想要什么呢?另一半志愿者得到中等评分。这听起来可能不是特别不客观,但许多研究证明,我们通常会将中性反馈视为消极反馈,往往给人打低分的感觉。我们通常希望自己的表现高于一般水平。所以,给出中等评分可以说是相当不客观了。

在收到相对积极或消极的反馈后,参加实验的志愿者被问及他们的感受以及他们认为评分者的准确性如何。自我同情心水平较高的志愿者比那些更倾向于自我批评的志愿者能更好地应对收到的反馈,但另一方面,他们也能更理智地对待积极反馈，不会让这种反馈动摇他们对评估者公正性的判断。尽管他们也会自我膨胀，但他们不会被这种膨胀冲昏头脑。

这一点很重要，因为在现实生活中，重要的不仅仅是应对负面反馈的方式。我想起了我的一个演员朋友曾说过，她在戏剧学校学习时一直在为舞台和电视表演的职业生涯做准备。她的导师告诉她，得到差评或任何批评时，最好在心里只接受一半。这样可以避免让自己太过失望。同样地，得到好评和盛赞时，也必须只接受一半。对于演员和其他人而言，人的一生充满起伏，如果在人生这辆过山车上坐得太辛苦，人就往往容易生病。相反，我们需要尽可能地平稳度过颠簸期，并以类似的平和心态体验人生的高潮和低谷。自我同情似乎对此有所帮助，这也是我们需要善待自己的另一个原因。

我们确实需要善待自己，但即使不变得自恋或过度自满，我们是否仍有可能在生活中自鸣得意，以一种懒散、无精打采的方式对待生活？自我批评以及对自我提出更高要求难道就没有价值吗？当然，我们仍然需要认真对待挫折，并反思自己可能在其中扮演的角色。但当我们在考试中失败或去参加工作面试而没有得到工作时，我们往往会过于关注所有难过的时刻，纠结于自己应该写些什么或说些什么，但最终什么也没做，或纠结于可能因此出现的糟糕情况。为了平衡这种倾向，我们必须认识到自己肯定在某方面做得不错，一定给出过令人惊喜的答案，给考官或面试官留下了深刻印象。只是总体而言，我们表现得不算出色，但我们并没有完全失败。我们需要原谅自己的这次失败，然后振作精神，继续前进。

有证据表明，这种方法可以帮助我们在日后取得成功。有一项研究也许可以给"拖延症"爱好者带来一些鼓舞。加拿大某所大学的学生被问及他们是否喜欢将复习考试的任务拖延到最后紧要关头？他们是否在本该复习的时候去做一些其他琐事？研究人员对这些学生进行了长期跟踪。结果发现，喜欢拖延的学生往往不会在考试中取得优异成绩，但如果他们原谅自己，当下一次考试来临时，他们会比那些因考试失败而自责的学生更有可能努力学习。[16]

善待自己并非易事

提升自我同情心的一种途径是为自己留出更多时间，让自己可以做一些喜欢的事情和可以让自己放松的事情。我在上一本书《深度休息》(*The Art of Rest*)中解释了人应当如何合理规划个人休息时间。从本质上讲，你需要找到最能让你得到休息的两到三项活动，然后设法将这些活动纳入你的日常生活中。这听起来很容易，实际上相当困难，因为在现代社会中，我们自己以及其他人都会对我们提出很多要求。不过，令我欣慰的是，很多人读过《深度休息》这本书，他们告诉我，合理规划自己的休息时间确实对他们有所帮助。在我看来，多让自己休息是展现真正自我同情的一种方式，当然还有其他方式。

心理学期刊中大多数论文的标题可能比较乏味，但有一篇论文的标题引起了我的注意。这篇论文的标题为《善待他人，还是善待自己？》(*Do Unto Others or Treat Yourself?*)，[17]这项研究的负责人是加利福尼亚的心理学家凯瑟琳·尼尔森。她在网上招募了一些志愿者，将他们随机分为四个组，并要求其中一些志愿者在第二天实施三个善举。第一组需要向其他个人行善，第二组需要向人类或世界行善，第三组需要找到三种善待自己的方式，第四组为对照组，只需要记录他们在这一天的活动。这些志愿者每周遵循一次这些指示，持续四周。

实验开始前，志愿者填写关于幸福感的评估问卷。这也是我个人很喜欢采用的一种研究方式，可以测量人的心理健康水平，初步判断其是否有特定的心理健康问题，进而了解其生活到底是如何规划的。

尼尔森通过研究发现，为自己做好事并不能像为他人做好事那样对个人幸福感产生巨大影响。她的主要发现似乎对本章要旨并无帮助。但从更大的范围考虑，对于本书探讨的主题来说，这个结论很有意义，但并不令人意外。善待自己的志愿者一般是让自己休息五分钟或花钱请人按摩。这些都倾向于享乐主义。对他人或偌大的世界行善则是有实质意义的善举，如为朋友准备一顿饭或加入当地组织提供志愿服务。这些善举可以改善人际关系，提升幸福感，因此更具有意义。由此看来，这项研究带给我们的启发是，宠爱自己固然令人愉悦，但这并不是真正意义上的自我善待。为了使心理健康发生持久改变，我们需要的不只是自我关怀，还有更深层次的自我善待，比如控制大脑中那些批评的声音、对自己更加宽容等。

如何实现更深层次的自我善待呢？我现在是时候换上一身奇怪的装束了。

我先穿上一条厚厚的黑色紧身裤，然后套上一件同样贴身的长袖上衣。这套服装有点像潜水服，说实话，看起来并不美观。接下来，技术员在我的肘部、手腕、脚踝、膝盖等关节处贴上白色小斑点(可以联想一下2022年阿巴合唱团虚拟音乐会上出现的人像)。

　　穿上这身衣服后，我进入一个房间。这个房间没有窗户，所有墙壁都是蓝色的。我的周围有很多摄像头，这些摄像头悬挂在天花板的各个角落，还有一些分布在周围其他位置。当我戴上一个又大又重的头盔后，我仿佛进入了另一个现实世界。但在我眼前出现的并不是亚马逊丛林，也不是古埃及金字塔，更不是电子游戏中的穷街僻巷。我的面前出现了一面镜子，镜中有一个真人般大小的虚拟人像。这个紧盯着我的人像看起来和我不一样。首先，她穿着牛仔裤和束腰开衫。"请挥动双臂。你可以做任何动作。我们正在训练虚拟人像模仿你的动作。"一位技术人员通过头盔里的耳机对我进行指导。我按照技术人员的指示随意做各种动作，我做什么动作，那个人像很快也会做相同的动作。如果我抬起一只胳膊，她也会抬起一只胳膊。如果我屈膝，她也会屈膝。如果我跳舞不协调，她也会不协调。她的身体会根据我的动作做出完全相同的反应，以至于我感觉她的身体已经和我的身体融为一体了。当我做出这些动作时，连她身后的影子都会移动。

　　这个精心设计的虚拟现实装置正在欺骗我的大脑，试图让我以为镜中那个人的身体就是我的身体。但理智告诉我，那并不是我的身体。我和那个人像不一样，尽管有一种强烈的感觉不断告诉我，那就是我。我姑且称她为另一个"我"。

接着，另一个"我"的身边突然出现了一个身型比较小的虚拟人像——一个棕色头发、扎着马尾辫、穿着荧光粉色T恤的小女孩。她大概八九岁，看起来很难过。小女孩双手捂着脸，蜷缩着身体。我发现她正在哭。我想安慰她。但实验开始前，有人告诉我，如果我在虚拟现实中遇到需要安慰的人，我不能说自己想说的话，只能按照剧本读台词。我尽量用亲切的口吻说台词。过了一会儿，小女孩停止了哭泣。我觉得她的心情已经好多了。

在这个不断变化的虚拟世界里，一切景象又发生了变化。我面前的这个人像突然变大了许多，仿佛她是个巨人，而我是个孩子。没错，就是这样。几十年来，我第一次在体型上感觉自己像个孩子。我已经忘记站在比我高出许多的成人面前是一种什么感觉了，但我很快便适应了这种感觉。高个子女人温柔地看着我，然后开始用我真实的声音对我说："每当发生这类让你难过的事情时，你可能会觉得人生真的很艰难。但我发现，在我非常难过的时候，如果我想到那些真正爱我的人，我的心情会好很多。"

这番话仿佛是我在自我安慰，而且非常有说服力，令人感动。这番话让我感到温暖和安然，仿佛自己是一个备受宠爱的孩子。[18]

虚拟现实的一切可能听起来既陌生又充满乐趣，但其实这个实验有一个严肃的目的：所有设置都是一种新型疗法的一部分，用于治疗那些容易过度自我批评的抑郁症患者。这种疗法的开发者是伦敦大学某学院的研究人员。但为什么一个虚拟人像所说的话会有助于治疗现实中的抑郁症人群呢？原因在于，这种体验会让人完全身临其境，仿佛他们真的收到了来自自己的同情。正如我们所看到的，许多抑郁症患者对自己很苛刻，但在与虚拟人像互动的过程中，他们会得到一种自我同情的直观体验（因为虚拟人像的动作和声音与他们一样，而且虚拟人像还会对他们表现出善意和同情），即使这种体验只持续短短几分钟。

我试用虚拟现实疗法的时间很短，但一个实际疗程通常需要45分钟，而且一开始接受这种疗法的人通常需要完成三个这种疗程。实验结果令人印象深刻。完成这些疗程后，三分之二的患者在一个月后抑郁程度有所降低。[19]我知道这种疗法为什么能起作用。从虚拟化的另一个自己身上得到同情，确实会让人深受感动。对这种温暖感觉的记忆会一直陪伴我，帮助我度过那些自我怀疑的黑暗时光。

善待自我的其他途径

虚拟人像和虚拟现实是比较前沿的治疗技术，在广泛使用前需要得到进一步发展，但目前还有其他更容易获得的治疗形式，可以帮助人们善待自己，其中包括慈悲聚焦疗法。在这种方法中，治疗师会深入探究人们害怕善待自己的原因。角色扮演也是一种治疗途径。参与者先坐在一张椅子上，代表愤怒的自己抒发感慨。然后转坐到对面的空椅上，变为富有同情心的自己。他们通过这种方式在两个自我——人格的两面——之间进行对话。这种方法听起来有点奇怪，但确实可以取得明显效果。

慈悲聚焦疗法的治疗师查理·赫瑞特-梅特兰建议对这种方法进行轻微改动。

想象富有同情心的自己走在大街上，迎面走来悲伤的自己。如果悲伤的自己情绪低落，那富有同情心的自己会对悲伤的自己说些什么？他会拥抱那个悲伤的自己吗？他会说些安慰的话吗？可能会吧。那为什么不以同样的方式善待自己呢？

我喜欢尼基塔·吉尔的一句诗："这世上总有人真正爱你，请以这个人的方式看待自己。"举办复原研讨会的克里斯·约翰斯通将自我同情描述为"与自我达成盟友协议"。例如，当你对自己的不当行为感到内疚时，不要为此自责，而是问问自己为什么会有这样的行为。也许是因为你当时回复邮件时过于愤怒了。你在那一刻的感受如何，为什么你会那么做？问问另一个富有同情心的自己会如何帮忙？这并不意味着放任自己。事实上，你仍然可以纠正自己的行为，例如为那条无礼的信息道歉。

你甚至可以给那个正在挣扎的自己写一封表达同情的信。马克·利里在一系列关于自我同情如何帮助人们处理不愉快事件的研究中尝试了这种方法。首先，参加实验的志愿者必须回想一起过去发生的、令他们对自己产生消极情绪的负面事件，然后列出其他人可能经历类似事件的方式。这是为了促使志愿者感受人性共同点。接着，志愿者需写下一段对自己表达理解、善意和关心的话，在措辞方面想象自己正在给类似遭遇的朋友写信。利里通过这项研究证明，自我同情是可以诱导的，因为完成练习的志愿者对不愉快事件的负面情绪减少了。[20]不过，他们仍然更有可能认为自己是容易遭遇这些负面事件的一类人,而且他们仍然觉得自己真的犯了错——但重要区别在于,他们不会因此憎恨自己。

查理·赫瑞特·梅特兰建议用另一种方法提高自我同情水平。为自己制订一个自我善待的训练计划,就像试图提高自己的身体素质一样。因此,有一天你可能会给自己写一封表达同情的信,另外,你也可能留出几分钟时间做一些深呼吸练习。训练计划的目的是让你做出善待自己的承诺,并坚持按计划内容实施。当然,你也可以选择健身房锻炼或户外慢跑。

此外,一些精心设计的课程也可以教你如何善待自己。有一种方法叫作正念自我同情,开发者是美国的同情心研究者克里斯汀·内夫和临床心理学家克里斯托弗·杰默。这种方法要求参与者每周参加一次研讨会,为期8周,参与者需在会上努力练习自我同情。

参与者学习正念技能,谨记遭受挫折的并不只有他们,并掌握如何关怀和善待自己的方法。重申一遍,正念自我同情并不是鼓励自我迷恋,事实恰恰相反。这种方法旨在敦促参与者不要过于关注自己,而是从更广泛的角度看待他们遇到的麻烦。有关课程已经过验证,结果令人印象深刻。与一组未参加课程的人相比,参加课程的人在正念、自我同情、生活满意度和幸福感方面有明显改善,而抑郁、焦虑和压力情绪明显减少。这些积极的效果也会对幸福感产生持久影响。你可能认为,这些人在几周后会回到先前的状态,并开始再次责备自己。实际上并非如此,课程结束一年后,治疗效果依然存在[21]。

提出研讨会疗法的研究者建议有些人可以在家中尝试类

似的方法。当你在争吵后感到心烦意乱时，或当你感到焦虑、紧张或厌烦时，你可以采用克里斯托弗·杰默提出的以下实用建议，即舒缓情绪的简单三步法：

- 放松，做几次深呼吸；
- 把手放在胸前的心脏位置；
- 然后用亲切的语气缓慢说出以下这番话："眼下的生活有些痛苦，但苦难是每个人生活的一部分。愿我在这种时刻能够做到自我同情。"[22]

这种方法不耗费时间，你可以随时在脑海中练习，甚至不会引起任何人的注意。我试过很多次，自我同情能够让我立即感到平静，同时有助于减少压力。

当然，即使你真的尝试了所有方法，学会了善待自己，也不意味着你永远不会感到愤怒、绝望、恐惧或情绪低落。自我同情并不是让自己摆脱负面情绪，即使确实可能做到了这一点。有时，我们也确实需要愤怒、绝望、恐惧或情绪低落（关于人为什么需要所有情绪，请参见我的第一本书《情感过山车》）；有时，我们会因为搞砸事情而产生负面情绪。在这些情况下，我们确实应当责备自己。我想说的是，人需要适度的自我批评。做到这一点的人可能会变得更善良。

最近一次他人施与的善举
善良测试

- 有人在排队时帮我留了一个位置，让我避免因淋雨而感冒。
- 许多人给我发来生日贺卡和祝福邮件，还有人通过电话和亲自到访的形式祝我生日快乐。我不知道这么多人知道（或在意）今天是我的生日。
- 在大雨中行走时，一个陌生人帮我握住雨伞，避免雨伞被大风吹走。
- 我看到有个人在城市街头用气泡机吹出大气泡。
- 我的爱人把卧室里的黄铜框架打磨光亮，看起来漂亮极了。我并没有要求他做这件事。
- 我在参加葬礼后感到非常难过，有人紧紧拥抱了我。
- 有个同事问我心情如何，并倾听我的诉说。
- 我卧床时，有人送来了一杯热茶！
- 我的爱人帮我给自行车链条上油，还给轮胎打了气。
- 在一次会议上，在座的人激情高涨，我无法打断他们的谈话。会议主持人见状后进行了协调，并邀请我发言。
- 我的孩子已经长大了，他们陪我散步时会配合我的步伐。

9

A prescription for kindness

第9章

善良的诀窍

我希望这本书能让各位读者重视善良，并认识到善良的重要性。如果我们所有人都能善待自己，善待他人，善待整个世界，那么我们的社会将变得更加美好。当然，善良不是所有问题的解决之法，但它可以让许多人的生活变得更容易一些。成为善良的人并不容易，这也是这个世界尚未变得更美好的部分原因。我并不认为善良很容易培养，也不认为自己是一个特别善良的人。像所有人一样，我也在努力成为善良的人。

因此，我想在结论部分列出可以让这个世界充满更多善意的20条建议。本章借鉴了前几章提到的所有科学研究，同时综合了我在前文中阐述的知识。各位可以随意从20条建议中挑选适合自己的部分，因为每个人适用的建议可能不同。我希望这些建议可以帮助各位成为更善良的人，从而拥有更加快乐、更加充实的人生。

1. 成为"善举观察者"

当有人善待我们时，我们更有可能善待他们，并将这种善意传递给其他人。因此，要让这个世界充满更多善意，首先需要认识到，这个世界本就有许多善良的人。不愉快的事件和不良行为很容易吸引我们的注意力，因此我们很容易忽略一个事实，即大多数时候人们都是相互友好的。我们要尽量抵制消极倾向。例如，如果你很讨厌某个同事，尽量不要让这种消极情绪支配你的思想——努力回忆这个同事在工作中给予你的点滴善意和帮助，当时你可能不会注意到这些小事。你也许会发现，糟糕的一天其实充满了善意。

就像鸟类观察员记录他们看到目标物种的每个瞬间一样，我们也可以做一个善举观察者，留心他人和自己的善举。事实证明，记录每天的美好时刻对我们的心理健康有好处——这么做可以提醒我们，只要用心寻找和发现，善举就在身边。为什么不每天至少记录一个你注意到的他人实施的善举并养成一种习惯呢？这个善举的接受者可以是你，也可以是其他人。一旦你开始关注善举，你会发现善举无处不在。

别忘记将你自己的善举列在一张清单中。在日本的一项关于幸福水平的研究中，参加实验的志愿者按要求记录他们在一周内的行善次数，结果发现，他们的幸福水平明显高于对照组。[1]因此，观察自己是不是一个善良的人，你将会从中受益。

2. 不要以为孩子既没有思想又自私

在孩子从淘气的两三岁成长为爱发脾气的十几岁青少年的过程中，人们总喜欢用自私和不顾及他人形容这个阶段的孩子。事实上，研究表明，虽然幼儿的大脑尚处于发育初期，他们很难理解其他人的看法，但他们也比我们想象的善良，他们会与其他孩子分享玩具，会帮助遇到困难的成年人。另外，我们对青少年的许多偏见也是不客观的。的确，人往往会随着年龄的增长而变得更善良，但大多数儿童和青少年也很善良，我们应注意并培养他们的善举。除了赞扬和奖励善举外，最重要的是鼓励他们行善。对待成年人也是如此。

3. 不要被新闻影响心情

每天的新闻都会报道许多冲突、暴力、腐败和欺诈事件，让我们误以为现实中也经常发生这类事件。当然，这世上总有坏事发生，其实好人好事远多于坏人恶行。所有证据表明，在当今时代，人性的主要特征是合作、文明和尊重他人，而不是好战、残酷和自私。有些人表示，社交媒体上充斥着扭曲的世界观，我们应停止阅读、倾听或观看这些人的言论。但这种做法可能有点偏离实际。事实上，我们应了解正在发生的坏事，并思考日后是否有机会阻止这类事件发生。此外，整日看一些负面新闻也不利于个人身心健康。

我们应正确认识新闻的内容。大多数时候，某件事之所以能出现在新闻报道中是因为它的罕见性，而不是因为它的普遍性。当你的生活中发生了一件极具影响力的负面新闻事件，你首先应当了解具体情况，但必须谨慎选择消息来源，同时将每天看新闻或读新闻的次数控制在一到两次。如果真有紧急事件发生，那么肯定会有人告诉你。

4. 享受因善待他人而产生的温情效应

研究表明，行善会给我们带来显著的健康效益，有利于我们的身心健康发展。行善可以减轻倦怠、压力和社交焦虑，提高幸福感，甚至有助于延长寿命。善举会刺激我们大脑中的奖励中心，当我们看到所爱之人得到巧克力或金钱时，奖励中心也会被激活。换句话说，无论是从短期来看，还是从长期来看，做一个善良的人都会给我们带来许多收获。有些人会因为行善产生幸福感而感到羞愧。我们应舍弃这种羞愧感，让自己沉浸在行善带来的温情效应中。这是我们应得的。善良并非指我们应像圣人般做出牺牲，而是成为一个顾及他人、懂得合作的好人，既能接受他人的善意，也能给予他人善意。

5. 追求实现论幸福和快乐论幸福

为了愉悦自己，我们可以通过直接的感官体验尽可能多地拥有快乐的时刻。换句话说，就是做一个快乐主义者。但一个更全面的人或更有成就感的人往往会在生活中发挥更大潜力，践行道德标准，让自己过上更有意义的生活。这就是所谓"实现论幸福"。

利他行为是在生活中获得实现论幸福的一种有效途径，但我们并非总能做到利他主义，只能说尽可能经常实施利他行为。这并不意味着行善可以彻底改变我们的生活。研究表明，即使只是记住实施过的善举，我们也能增强自我认同感，提高幸福水平。

6. 积极参加志愿活动

志愿服务具有很强的社会属性，会给实施者和接受者带来许多收获。许多研究表明，志愿服务能提高自我价值，增强自信心，提升幸福感。志愿服务并不是治疗严重心理健康问题的"灵药"，但确实会让人产生使命感和意义感，是一种典型的双赢活动。

如果你没有做过志愿者，或者如果你希望将志愿服务纳入其他必要事项中，你可以考虑在所在社区或其他地方参加一些志愿活动。不少组织一直在寻找可以帮助监督慈善机构或社区组织工作的志愿者。你也可以亲力亲为，在当地食品银行或流浪者援助中心提供实际帮助。总之，无论我们决定做什么，志愿服务都可以促进我们与他人的联系，提醒我们人性的共同点。

7. 谨记善良的人会成为人生赢家

有些善举可能需要强健的体格，即使你的体格未必强健，你也可能成为赢家。善良的人并不软弱，也不容易受骗，他们是公平正义、表里如一、值得信赖的人。他们善于理解其他人，因此能够看到他人身上最好的一面。对于团队领导者或组织经营者而言，善良是一种必备品质。商业或其他领域的成功人士深知，善良比冷酷无情更有价值。

他们往往会舍弃"不惜一切代价取得成功"的想法，转而从大局考虑，重新审视成功的定义。短期利润率可能很重要，但工作团队的忠诚度和商业模式的可持续性同样也很重要。我们应在现实生活中应用这些经验教训，同时谨记，有时行善需要我们做出艰难的决定——除了"对人友善"之外，有时还需要展现"严厉的爱"。

8. 尽量让每一种情况比一开始好一些

让人感觉得到关注和赞赏有助于做到这一点，无论你与他们的接触是多么短暂。

9. 唤醒内心深处的"阿蒂克斯"

阿蒂克斯·芬奇是《杀死一只知更鸟》中的主角之一，他总会尝试看到别人身上的优点，我们也应像他一样。我并不认为这很容易做到。与你观点不同或世界观不同的人未必是白痴或恶棍（反正大多数时候不是），如果你尝试从他们的角度看待问题，就会意识到这一点。从心理学的角度看，你需要提高移情反应的能力，学会换位思考，不要害怕产生同理心。这是人之常情。

10. 积极提高同理心水平

许多善举是人的同理心使然,而增强同理心需要积极付出努力。这个过程需要时间,也需要谦逊的态度。首先,你可能需要改变自己的一贯作风,尝试理解从他人角度看待事物。你可能需要对他人表示同情,但你一开始可能认为这些人不值得同情。在他们的生活或所处的环境中,你需要理解哪些因素可以解释他们的行为或困境。

把同理心视为一种可以培养的技能,就像园艺工作或弹钢琴一样,这是可以让你变得更有同理心的一种方法。你可以考虑进行一些"同情心训练",或者花时间学习一些慈悲冥想技巧。研究表明,这类训练会让人对受难者产生更多的同情心,而且更有动力通过行动缓解他们的痛苦。

11. 不要让善举变成一种待办事项

你需要认真对待善举,但不能让善举变成一种压力。你可以让善举成为生活中的一部分,而不对生活本身产生巨大干扰。你不需要投入很多时间,也不需要改变世界(如果这是你的计划,那么我也不会阻止你)。即使是不经意间说几句好话,也可能对那些与你一起生活或工作的人产生正面影响。

12. 阅读时，认真阅读

有一种简单的方法可以将其他人的想法和感受呈现在你面前，让你看到他们的内心世界。这种方法就是读书。阅读尤其是读小说，可以让我们看到其他人的观点，明白同理心的重要性，进而增强人与人之间的善意。

13. 倾听时，认真倾听

大多数人都希望有人可以倾听他们诉说。

14. 主动与陌生人交谈

陌生人不会排斥你与他们交谈。事实上，他们也喜欢有人与他们交谈。你们可能因此度过愉快的一天。

15. 怀着敬畏之心散步

散步时，留心观察周围能让你产生敬畏之心的事物。令人敬畏的事物指的是会让你觉得这个世界非常奇妙的任何事物，可以是人类建造的宏伟建筑，也可以是纹路复杂的腐烂树叶。我不想在本书临近结尾时还介绍一项新研究，但我可以明确地说，研究表明，定期怀着敬畏之心散步的人往往更有同理心，也更懂得关心他人。[2]另外，他们的精神痛苦也有所减轻。

16. 发帖前请三思

社交媒体有时会充满戾气和愤恨，即使没有这么糟糕，你在社交媒体上表达的观点也会产生可怕的回声室效应。另外，一些故意挑衅的帖子可能会得到许多人的关注。社交媒体上的言论会让人更加坚信，那些与你观点不同的人一定是傻子或恶人。

为了克服这种扭曲事实的思维倾向，当你愤怒地回帖时，必须避免冲动行事，认真思考事情的前因后果。你可以想一想，如果这篇你强烈反对的帖子是你的朋友或家人发布的，那么你会作何反应。我猜你的反应一定会缓和许多，所以为什么不在任何情况下都这么想呢？

英国有一句流行的谚语：若狗嘴里吐不出象牙，就请三缄尊口。更直白一点，就是如果你说不出什么好话，就干脆什么也别说。为什么要给人发信息，评价他们的项目/书籍/电视节目做得不好呢？他们可能已经非常努力了。他们也许知道作品的缺点，但你的评论真的对他们有用吗？

17. 按善良准则关注和取关社交媒体账号

社交媒体可能充满残酷、愤怒和恶意，原因之一在于发布这些内容的博主似乎能吸引更多粉丝，获得更多点赞和评论。这些博主也因此成为网红，在社交媒体上拥有巨大影响力，于是负面循环也不可阻挡地加剧了。其实我们可以决定把影响力交给谁。我们可以选择在信息流(Feeds)平台上支持正义博主，我们可以对那些愤怒、消极和无礼的言行进行反击。如果我们都能无视那些键盘侠，而去寻找、关注、参与和分享那些睿智、积极和充满善意的帖子，那么社交媒体将变成更加和谐美好的平台。因此，不妨从今天开始取关那些传播恶意帖子的社交媒体用户。

18. 制订计划，成为英雄（你也许曾在不经意间有过英雄行为）

你可能认为自己不会成为一个真正的英雄。我在前文中说过，研究表明，平均一个人在一生当中会面临的紧急情况不超过六次。另外，有些人在拯救他人时会将自己的生命置之度外，但他们通常都会表示，任何人遇到相同的情况都会做出同样的选择。因此，在你生命中的某个时刻，你也许真的会遇到需要冒着生命危险去帮助他人的危急情况。但你如何确保你的帮助会让情况好转，而不是变糟呢？

研究表明，提高行动安全性和成功率的最佳策略是提前思考你在特定情况下准备采取的行动。如果你看到有人在深水中挣扎，而你知道自己跳入水中救人是一种不安全的选择——也许你可以向水中挣扎的人扔东西或及时联系紧急救援人员等。

要针对某些情况制订计划，我们应当以军人和警察等专业人士为榜样，训练自己应对各种紧急情况的能力，之后遇到紧急情况时，就能够采取有效行动。

19. 善待自己

真正的善良需要做到先人后己，这个观点对吗？不对。如果你忽视自己的幸福，就容易产生倦怠情绪，导致善待他人的积极性和主动性也会降低。适当的自我关爱是关心他人的起点，并不会让人变得自私。事实上，你有时也会遭受苦难，感到痛苦，从某种程度上来说，你并不特别，你也不应认为自己和他人不同。相反，你或多或少都会经历其他人可能遭遇的苦难和痛苦。

20. 行善时应忠于自己的内心

我们不可能都像阿比一样，愿意把自己的肾脏捐给陌生人。他并不介意接受手术，而你可能做不到像他一样。这其实没关系。你可以用适合自己的方式行善，总比什么都不做要好。因此，如果你的行善方式是认真听他人诉说、与陌生人交谈或向慈善机构捐钱，那么你也不必为做不到某些事情而自责。也许你可以选择发挥你的某项特殊技能完成一件你觉得容易而别人觉得难的事情。我们每个人都能以自己的方式行善。

Acknowledgements

致谢

一直以来，我都想写一本关于善良的书，因为人与人之间相互帮助的暖心故事经常打动我。这个世界需要多一些善意和善举（也许无论你身处哪个时代，这个世界都需要善意和善举），我觉得现在是出版这本书的好时机。

当我开始写这本书的时候，萨塞克斯大学邀请我担任他们学校的客座教授，这意味着我将回到母校，而这里也有新成立的萨塞克斯大学善良研究中心，这也是我出版本书的一个契机。

为了研究人们对善良的看法，罗宾·班纳吉与我讨论了开展大规模研究的想法，当时我已经开始着手进行本书相关的研究工作。

我想在此感谢BBC第四台的莫希特·巴卡亚和丹·克拉克，当我建议BBC和萨塞克斯大学开展合作时，是他们大力促成了这件事。

我很高兴能够与罗宾·班纳吉和吉利安·桑德斯特伦密切合作，他们成功地在短时间内完成了一项大规模研究。正是由于他们的辛勤工作以及下列朋友的支持，我才能如此迅速地完成本书：丹·库伦、露西·克劳特、珍妮·顾、马鲁沙·列夫斯特克、凯特·卡瓦纳、克拉拉·施特劳斯、罗纳·哈特、丹尼尔·坎贝尔·梅克尔约翰、米歇尔·勒弗尔、安·梅克·费赫特、扎希拉·贾塞尔、迈克尔·巴尼西、乔·卡特勒、帕特·洛克伍德和正木·友希。

每次我向罗宾询问关于研究的问题时，他都会耐心回答，并且和丹妮尔·埃文斯出色地完成了数据分析工作。

我们没有想到会有这么多人填写调查问卷，我很感谢近6万名受访者抽出宝贵时间填写问卷，他们这么做本身也是一种善举。

我已经在BBC第四台播出的《剖析善良》(The Anatomy of Kindness)系列节目中公布了问卷调查的初步结果。这档节目的制作人是杰拉尔丁·菲茨杰拉德和艾瑞卡·赖特，这两位才华横溢的科学节目制作人总能给人带来愉快的合作体验。另外，我想在此感谢在善良主题系列节目中接受采访的每一位受访者。

我在本书中借鉴了多项研究，善良测试只是其中之一。我可以近距离地看到完成任何研究工作所需要的努力和汗水，感谢所有心理学家和神经学家抽出宝贵时间进行研究，而我们可以学习和借鉴这些研究。

在2020年举办的慈善节会议上，我在线上结识了许多朋友，他们对善良有独到的见解，我在本书中提及了其中一些人的看法。感谢慈善节的创办人苏西·希尔斯，因为她，成千上万拥有善良信念的人才有机会齐聚一堂。

事实证明，每个研究善良的人通常都非常善良。每次我发电子邮件询问研究人员是否可以分享他们的科学论文时，一般几分钟内就能得到回复。除了萨塞克斯大学的研究团队，我还想感谢以下这些朋友，是他们的研究工作改变了我对善良的看法：保罗·吉尔伯特、萨拉·康拉特、约翰·泰勒、宾菲特教授、贾米尔·扎基、约翰·普莱斯、丹尼尔·巴特森、迈克尔·布朗、奥利弗·斯科特·库里和李·罗兰德。我还在尾注中感谢了另外几十个朋友。

感谢每一位与我分享个人故事的朋友。

我想在此特别感谢洛纳·斯图尔特，因为他非常认真地检查了我所描述的实验细节。如果本书中有任何描述不当之处，那么必然是我的过错。另外，感谢丹尼尔·坎贝尔·梅克尔约翰帮助、指导我有关大脑方面的研究。

坎农格特出版社是值得合作的出版商，出版社的工作人员既热情又高效。特别感谢露西·周、爱丽丝·肖特兰、詹尼·弗莱、莱拉-克鲁克斯汉克、维姬·卢瑟福以及我的编辑西蒙·索罗古德，他们经常向我提出明智的建议。我还要感谢我的文字编辑加布里埃尔·钱特，编辑们仔细、耐心地校对，让本书得到进一步完善。

另外，感谢我在詹克罗和内斯比特文学代理机构（Janklow & Nesbit）的经纪人威尔·弗朗西斯。他是一名很优秀的经纪人，他和他的同事任·巴尔科姆以及克尔斯蒂·戈登能够为作者提供理想的创作条件。

最后，我想感谢我的丈夫蒂姆，是他花时间阅读我的初稿并提出宝贵的修改意见。他是一个非常善良的人。

Bibliography

参考
书目

以下所列的参考书目并不详尽，只是我在《善意的魔力》这本书中提到的主要研究论文。为了节省页面空间，如果一篇论文有多位作者，我只列出署名在第一位的作者，因此我想在此向署名在后的其他作者致歉。在本书中，期刊的缩写为"J"，心理学的缩写为"psych"。我希望各位读者能在这部分找到你们需要的研究论文。其中一些研究真的非常有趣。

对于以下列出的在线资料，访问时间为2022年6月。

序

1. For an excellent and comprehensive review of research on the benefits of kindness and empathy see Konrath, S. & Grynberg,D.(2016) 'The Positive (and Negative) Psychology of Empathy'.In Watt, D.F.& Panksepp, J. (Eds.), Psychology and Neurobiology of Empathy.New York:Nova Biomedical Books.
2. Penner, L.A. et al. (2008) 'Parents' Empathic Responses and Pain and Distress in Pediatric Patients' .Basic and Applied Social Psych, 30(2), 102–113.

第1章 这世界远比你想象的善良

1. Côté, S.M. et al. (2006) 'The Development of Physical Aggression from Toddlerhood to Pre-adolescence:A Nationwide Longitudinal Study of Canadian Children.'J. of Abnormal Child Psych, 34, 71–75.
2. Hammond, C.A. (2016) Mind Over Money:The Psychology of Money and How to Use it Better. Edinburgh:Canongate.
3. Ulber, J. et al. (2015) 'How 18- and 24-month-old Peers Divide Resources Among Themselves'.J. of Experimental Child Psych, 140, 228–244.
4. Hepach, R. et al. (2017) 'The Fulfillment of Others' Needs Elevates Children's Body Posture' .Developmental Psych, 53(1), 100–113.
5. Zahn-Waxler, C. et al. (1992) 'Development of Concern for Others' .Developmental Psych, 28(1), 126–136.
6. Warneken, F. & Tomasello, M. (2009) 'The Roots of Human Altruism' .British Journal of Psych, 100(3), 455–471.
7. Ulber, J. & Tomasello, M. (2020) 'Young Children's Prosocial Responses Toward Peers and Adults in Two Social Contexts' .J. of experimental childpsych, 198, 104888.
8. Binfet, J.T. (2016) 'Kindness at School:What Children's Drawings Reveal About Themselves, Their Teachers, and Their Learning Communities'. J. of Childhood Studies, 41, 29–42.
9. Binfet, J.T. & Enns, C. (2018) 'Quiet Kindness in School:Socially and Emotionally Sophisticated Kindness Flying Beneath the Radar of Parents and Educators' .J. of Childhood Studies, 43, 31–45.
10. Choudhury, S. et al. (2006) 'Social Cognitive Development During Adolescence' .Social Cognitive and Affective Neuroscience, 1(3), 165–174.
11. Binfet,J.T. (2020) 'Kinder Than We Might Think:How Adolescents Are Kind' .Canadian J. of School Psych, 35(2), 87–99.
12. Hammond (2016), Mind Over Money.

13. Lockwood, P.L. et al. (2021) 'Aging Increases Prosocial Motivation for Effort' .Psychological Science, 32(5), 668– 681.
14. Thomas, G. & Maio, G.R. (2008) 'Man, I Feel Like a Woman:When and How Gender-role Motivation Helps Mind-reading' .J. of Personality and Social Psych, 95(5), 1165–1179.
15. Klein, K.J.K. & Hodges, S.D. (2001) 'Gender Differences, Motivation, and Empathic Accuracy:When It Pays to Understand' .Personality and Social Psych Bulletin, 27, 720– 730.
16. The Light Triad test can be found here: https://scottbarrykau- fman.com/lighttriadscale/.
17. Hazlitt, W. (1900) 'My First Acquaintance with Poets' .In Carr, F. (Ed.)Essays of William Hazlitt. London:Walter Scott.
18. Stanley Milgram quoted in Perry, G. (2012) Behind the Shock Machine.Victoria, Australia:Scribe, 325.
19. For the whole story you can listen to my documentary Mind Changers on BBC Radio 4, produced by Marya Burgess, 7 May 2008: https://www.bbc.co.uk/programmes/b00b529r.
20. The story of West Ham footballer Kurt Zouma being prosecuted after a video of him kicking his cat went viral was covered in numerous news outlets including the Metro, 24 May 2022: https:// metro. co.uk/2022/05/24/west-ham-footballer-kurt-zouma-pleads- guilty-to-kicking-his-cat- 16699293/.
21. Pinker, S. (2011) The BetterAngels of Our Nature.London:Penguin, xx.
22. Pinker, Better Angels 2011, 91.
23. Zarins, S. & Konrath, S. (2017) 'Changes Over Time in Compassion-Related Variables in the United States' .In Seppälä, E.M. et al. The Oxford Handbook of Compassion Science.
24. Bartlett, M.Y. & DeSteno, D. (2006) 'Gratitude and Prosocial Behavior:Helping When It Costs You' .Psychological Science, 17(4),319– 325.
25. A brief biography of Benjamin Webb can be found on thiswebsite:https://www.geographicus.com/P/ ctgy&Category_Code= webbbenjamin.
26. Letter from Benjamin Franklin to Benjamin Webb, dated 22 April 1784.Transcript, Library of Congress: https://founders.archives. gov/documents/Franklin/01-42-02-0117.
27. Gray, K. et al. (2014) 'Paying It Forward:Generalized Reciprocity and the Limits of Generosity' .J. of Experimental Psych:General, 143(1), 247– 254.
28. Goldstein, N.J. et al. (2008) 'A Room With a Viewpoint:Using Social Norms To Motivate Environmental Conservation in Hotels' .J. of Consumer Research, 35(3), 472– 482.
29. Kraft-Todd, G.T. et al. (2018) 'Credibility-enhancing Displays Promote the Provision of Nonnormative Public Goods' .Nature 563, 245– 248.

第2章 行善会让人感到幸福，这很正常

1. Chancellor, J. et al. (2018) 'Everyday Prosociality in the Workplace:The Reinforcing Benefits of Giving, Getting, and Glimpsing' .Emotion, 18(4), 507– 517.
2. Dunn, E.W. et al. (2008) 'Spending Money on Others Promotes Happiness' .Science.319(5870), 1687– 1688.
3. Aknin L.B. et al. (2013) 'Prosocial Spending and Well-being:Cross- cultural Evidence for a Psychological Universal' .J. of Personality & Social Psych 104(4), 635– 652.
4. Choi, N.G. & Kim, J. (2011) 'The Effect of Time Volunteering and Charitable Donations in Later Life on Psychological Well- being' .Ageing & Society, 31(4), 590–610.Also for an excellent review of work

done in this area see Konrath, S. (2014) 'The Power of Philanthropy and Volunteering' . In Huppert, F.A. & Cooper, C.L. .

Interventions and Policies to Enhance Well-being: A Complete Reference Guide Vol VI. London: Wiley & Sons.

5. Morelli, S.A. et al. (2015) 'Emotional and Instrumental Support Provision Interact To Predict Wellbeing' .Emotion, 15(4), 484– 493.
6. Ross, W.D. & Brown, L. (2009) Aristotle:The Nicomachean Ethics.Oxford:Oxford University Press.
7. Curry, O.S. et al. (2018) 'Happy To Help?A Systematic Review and Meta-analysis of the Effects of Performing Acts of Kindness on the Well-being of the Actor.'J. of Experimental Social Psych, 76,320– 329.
8. Hui, B. et al. (2020) 'Rewards of Kindness?A Meta-analysis of the Link Between Prosociality and Well-being' .Psychological Bulletin, 146(12), 1084– 1116.
9. Ko, K. et al. (2021) 'Comparing the Effects of Performing and Recalling Acts of Kindness' .J. of Positive Psych, 16(1), 73– 81.
10. Moll, J. et al. (2006) 'Human Fronto-mesolimbic Networks Guide Decisions About Charitable Donation'.PNAS, 103(42), 15623– 15628 See also Lockwood, P.L. et al (2016) 'Neurocomputational Mechanisms of Prosocial Learning and Links to Empathy'.PNAS, 113(35), 9763– 9768.
11. Meier, S. & Stutzer, A. (2008) 'Is Volunteering Rewarding in Itself?' Economica, 75(297), 39– 59.
12. Omoto, A.M. et al. (2000) 'Volunteerism and the Life Course:Investigating Age-Related Agendas for Action'.Basic and Applied Social Psych, 22(3), 181–197.
13. Kahana E. et al. (2013) 'Altruism, Helping, and Volunteering: Pathways To Well-being in Late Life'. J. of Aging Health.25(1), 159– 187.
14. Okun M.A. et al. (2013) 'Volunteering by Older Adults and Risk of Mortality:A Meta-analysis'. Psych and Aging, 28(2), 564–577.
15. Guo, Q. et al. (2018) 'Beneficial Effects of Pro-social Behaviouron Physical Well-being in Chinese Samples' .Asian J. of Social Psychology, 21(1– 2), 22– 31.
16. Trew, J.L. & Alden, L.E. (2015) 'Kindness Reduces Avoidance Goals in Socially Anxious Individuals'. Motivation & Emotion, 39, 892–907.
17. Konrath (2014) 'The Power of Philanthropy', 392.
18. Lyubomirsky, S. et al. (2005) 'Pursuing Happiness:The Architecture of Sustainable Change'.Review of General Psych, 9, 111– 131.
19. Lyubomirsky, S. & Layous, K. (2013) 'How Do Simple Positive Activities Increase Well-being?'Current Directions in Psychological Science, 22(1), 57–62.
20. Harris, M.B. (1977) 'Effects of Altruism on Mood' .J. of Social Psych, 102(2), 197– 208.
21. Hui (2020) 'Rewards of Kindness?'.
22. Li, Y. & Ferraro, K. F. (2005) 'Volunteering and Depression in Later Life:Social Benefit or Selection Processes?'Journal of Health and Social Behavior, 46, 68– 84.
23. Rowland, L. & Curry, O.S. (2019) 'A Range of Kindness Activities Boost Happiness' .J. of Social Psych 159(3), 340– 343.
24. Aknin, L.B. et al. (2013) 'Does Social Connection Turn Good Deeds into Good Feelings? On the Value of Putting the 'Social' in Prosocial Spending'. International Journal of Happiness and Development 1(2), 155–171.
25. Aknin, Does Social Connection, 2013, 155–171.

第3章 切莫过于纠结动机

1. Abie meets his kidney donor, Good Morning America, 29 July 2019: https://www.goodmorningamerica.com/wellness/video/man-meets-kidney-donor-saved-life-live-gma-64628296.
2. You can hear more from Abie in The Anatomy of Kindness, a series I presented on BBC Radio 4 produced by Geraldine Fitzgerald and Erika Wright, 16 March 2022: https://www.bbc.co.uk/sounds/play/m0015bdb.
3. This paper has an excellent summary of the different types of altruistic motivation:Curry, O.S. et al. (2018) 'Happy To Help? A Systematic Review and Meta-analysis of the Effects of Performing Acts of Kindness on the Well-being of the Actor.'J. of Experimental Social Psych, 76, 320–329 .
4. Gyatso, T., The Fourteenth Dalai Lama.'Compassion and the Individual': https://www.dalailama.com/messages/compassion-and-human-values/compassion.
5. For a nice description of these different kinds of altruism see Curry, Happy to help?, 2018.
6. You can hear more of Lyndall Stein talking to me in The Anatomy of Kindness on BBC Radio 4, 16 March 2022: https://www.bbc.co.uk/sounds/play/m0015bdb.
7. Raihani, N.J. & Smith, S. (2015) 'Competitive Helping in Online Giving' .Current Biology, 25(9), 1183–1186.
8. Marsh, A.A. et al. (2014) 'Neural and Cognitive Characteristics of Extraordinary Altruists' .PNAS, 111, 15036–15411.
9. Vieira, J.B. et al. (2015) 'Psychopathic Traits Are Associated With Cortical and Subcortical Volume Alterations in Healthy Individuals' . Social Cognitive & Affective Neuroscience 10(12), 1693–1704.
10. Abigail Marsh in part two of The Anatomy of Kindness, BBC Radio 4, 16 March 2022: https://www.bbc.co.uk/sounds/play/m0015bdb.
11. Fisher, J.D. et al. (1982) 'Recipient Reactions to Aid' .Psychological Bulletin, 91(1), 27– 54.
12. Konrath, S. et al. (2016) 'The Strategic Helper:Narcissism and Prosocial Motives and Behaviors'. Current Psych, 35, 182–194.
13. The story of Pete features in this video posted on the BBC Essex Twitter: https://twitter.com/BBCEssex/status/139997751119126 1185?s=20.
14. There's a good description of this in Aknin, L.B. et al. (2013) 'Making a Difference Matters:Impact Unlocks the Emotional Benefits of Prosocial Spending' .J. of Economic Behavior & Organization, 88, 90– 95.
15. Mathur, VA. et al. (2010) 'Neural Basis of Extraordinary Empathy and Altruistic Motivation'. NeuroImage, 51(2), 1468–1475.
16. Bolton, M. (2019) How to Resist: Turn Protest to Power. London: Bloomsbury.

第4章 社交媒体充满善意

1. Brady, W.J. et al. (2021) 'How Social Learning Amplifies Moral Outrage Expression in Online Social Networks' .Science Advances, 7(33).
2. You can play the game yourself at: https://www.getbadnews. com/#intro.Sander van der Linden has also developed a new game about Covid misinformation: www.goviralgame.com/ books/go-viral/play.
3. Basol, M. et al. (2020) 'Good News about Bad News:Gamified Inoculation Boosts Confidence and Cognitive Immunity Against Fake News' .J. of Cognition, 3(1), 2.
4. Cat vibing to street drummer remix, 4 December 2020: https:// www.youtube.com/watch?v=sq6NcdjLWB8.

5. Buchanan, K. et al. (2021) 'Brief Exposure to Social Media During the COVID- 19 Pandemic:Doomscrolling Has Negative Emotional Consequences, but Kindness-scrolling Does Not' .PLoS One, 16(10).

第5章　善良的人会成为人生赢家

1. Hall & Partners (2019) Employee Research.
2. Diener, E. & Seligman, M.E.P.(2002) 'Very Happy People'.Psychological Science, 13(1), 81–84.
3. Walumbwa, F.O. & Schaubroeck,J.(2009) 'Leader Personality Traits and Employee Voice Behavior: Mediating Roles of Ethical Leadership and Work Group Psychological Safety' .J. of Applied Psych, 94(5), 1275– 1286.
4. Zenger, J. & Folkman, J.'I'm the Boss! Why Should I Care If You Like Me?', Harvard Business Review, 2 May 2013: https://hbr. org/2013/05/im-the-boss-why-should-i-care.
5. Walumbwa, F.O. et al. (2011) 'Linking Ethical Leadership to Employee Performance: Th Roles of Leader–Member Exchange, Self-efficacy, and Organizational Identification'.Organizational Behavior and Human Decision Processes, 115(2),204– 213.
6. Brown, M.E. & Treviño, L.K. (2006) 'Ethical Leadership: A Review and Future Directions'.The Leadership Quarterly, 17, 595–616.
7. Vianello, M. et al. (2010) 'Elevation at Work:The Effects of Leaders' Moral Excellence' .J. of Positive Psych, 5(5), 390–411.
8. 'Spain Triathlete Gives Up Medal to Rival Who Went Wrong Way',BBC News, 20 September 2020: https://www.bbc.co.uk/news/ world- 54224410.
9. Brand, G.'Why England Needed Gareth Southgate:How Off-field Influence Helped Build Culture of Success',11 July 2021: https:// www.skysports.com/football/news/12016/12351872/why-england-needed-gareth-southgate-how-off-field-influence-helped-build-culture-of-success.
10. Podsakoff, N.P. et al. (2009) 'Individual- And Organizational-leveConsequences of Organizational Citizenship Behaviors:A Meta- analysis' .J. of Applied Psych, 94(1), 122–141.
11. 'Donald Trump Calls for More Civility as He Attacks Media andDemocrats at Charlotte Rally' USA Today, 26 October 2018: https://eu.usatoday.com/story/news/politics/2018/10/26/donald-trump-calls-more-civility-attacks-media-and-democrats-charlotte-rally/1778539002/.
12. Frimer, J.A. & Skitka, L.J. (2018) 'The Montagu Principle: Incivility Decreases Politicians' Public Approval, Even With Their Political Base' .J. of Personality and Social Psych, 115(5), 845– 886.
13. Roets, A. & Van Hiel, A. (2009) 'The Ideal Politician: Impact of Voters' Ideology'.Personality and Individual Differences, 46(1), 60– 65.

第6章　理解他人的观点也是一种善良

1. Hazlitt, W. (1900) 'On The Conduct of Life' .In Carr, F. (Ed.)Essays of William Hazlitt.London: Walter Scott.199.
2. See also Lamm, C. et al. (2011) 'Meta-analytic Evidence for Common and Distinct Neural Networks Associated With Directly Experienced Pain and Empathy for Pain'. NeuroImage, 54(3), 2492– 2502.
3. There's an excellent summary of this work in Singer, T. & Klimecki, O.M. (2014) Empathy and Compassion.Current Biology, 24(18), 875– 878.
4. Allen, A.P. et al. (2016) 'The Trier Social Stress Test: Principles and Practice' .Neurobiology of Stress, 6, 113–126.

5. Birkett M.A. (2011) 'The Trier Social Stress Test Protocol for Inducing Psychological Stress' .J. of VisualizedExperiments, 56, 3238.
6. Fonagy, P.'Kindness Can Work Wonders.Especially for the Vulnerable', Guardian, 17 May 2020: https://www.theguardian.com/society/2020/may/17/kindness-can-work-wonders-especially- for-the-vulnerable.
7. Catapano, R. et al. (2019) 'Perspective Taking and Self-Persuasion:Why "Putting Yourself in Their Shoes" Reduces Openness to Attitude Change'.Psychological Science, 30(3), 424– 435.
8. Gilbert, P. (2009) The Compassionate Mind.London:Constable.
9. To try these exercises I do recommend Gilbert (2009), The Compassionate Mind; the exercises are described in detail on page 295.
10. Schumann, K. et al. (2014) 'Addressing the Empathy Deficit:Beliefs About the Malleability of Empathy Predict Effortful Responses When Empathy Is Challenging' .J. of Personality & Social Psych, 107(3), 475–493.
11. Batson, C.D. et al. (1997) 'Perspective Taking:Imagining How Another Feels Versus Imagining How You Would Feel'.Personality & Social Psych Bulletin, 23(7), 751– 758.
12. Batson, C.D. et al. (2004) 'Benefits and Liabilities of Empathy- induced Altruism' .In Miller, A.G.(Ed.) The Social Psychology of Good and Evil.New York:The Guilford Press.
13. Batson, C.D. & Ahmad, N. (2001) 'Empathy-induced Altruism in a Prisoner's Dilemma II:What if the Target of Empathy Has Defected?'European J. of Social Psych, 31(1), 25– 36.
14. Blythe, J. et al. (2021) 'Fostering Ocean Empathy Through Future Scenarios'.People & Nature, 3(6) 1284–96.You can watch the pessimistic scenario here: https://www.youtube.com/watch?v=-dYiaErO1aM.
15. For a brilliant summary of research on inducing empathy see Konrath, S. & Grynberg, D. (2016) 'The Positive (And Negative) Psychology of Empathy'.In Watt, D.F. & Panksepp, J. (Eds.)Psychology andNeurobiology of Empathy.New York:Nova Biomedical Books.
16. Batson, C.D. et al. (2002) 'Empathy, Attitudes, and Action:Can Feeling for a Member of a Stigmatized Group Motivate One to Help the Group?'Personality & Social Psych Bulletin, 28(12), 1656–1666.
17. Singer & Klimecki (2014) 'Empathy and Compassion'.
18. Klimecki, O.M. et al. (2014) 'Differential Pattern of Functional Brain Plasticity After Compassion and Empathy Training' .Social Cognitive and Affective Neuroscience, 9(6), 873–879.
19. Bloom, P. (2017) Against Empathy.London:Bodley Head.
20. Tajfel, H. et al. (1971) 'Social Categorization and Intergroup Behaviour' .European J. of Social Psychology, 1, 149–178.
21. Pelham, B.W. et al. (2002) 'Why Susie Sells Seashells by the Seashore:Implicit Egotism and Major Life Decisions' .J. of Personality & Social Psych, 82(4), 469– 487.
22. Hodson, G. & Olson, J.M. (2005) 'Testing the Generality of the Name Letter Effect:Name Initials and Everyday Attitudes' .Personality & Social Psych Bulletin, 31(8), 1099– 1111.
23. Decety, J. et al. (2010) 'Physicians Down-regulate Their Pain Empathy Response:An Event-related Brain Potential Study' .NeuroImage, 50(4), 1676– 1682.
24. Michelbrink, L.E. (2015) Masters Thesis.'Is Empathy Always a Good Thing?The Ability To Regulate Cognitive and Affective Empathy in a Medical Setting' .Leiden University Institute of Psychology.
25. You can hear me interviewing Brett Campbell in The Evidence on BBC World Service, 31 October 2021: https://www.bbc.co.uk/ programmes/w3ct2zpk.
26. Aron, A. et al. (1997) 'The Experimental Generation of Interpersonal Closeness:A Procedure and

Some Preliminary Findings'.Personality & Social Psych Bulletin, 23, 363–377.

27. Sprecher, S. (2021) 'Closeness and Other Affiliative OutcomesGenerated From the Fast Friends Procedure:A Comparison With a Small-talk Task and Unstructured Self-disclosure and the Moderating Role of Mode of Communication'.J. of Social & Personal Relationships, 38(5), 1452–1471.
28. Page-Gould, E. et al. (2008) 'With a Little Help From My Cross- group Friend:Reducing Anxiety in Intergroup Contexts Through Cross-group Friendship' .J. of Personality & Social Psych, 95(5),1080–1094.
29. Kardas, M. et al. (2021) 'Overly Shallow?:Miscalibrated Expectations Create a Barrier To Deeper Conversation'.J. of Personality & Social Psych, 122(3), 367–398.
30. Sandstrom, G.M. & Boothby, E.J. (2021) 'Why Do People Avoid Talking to Strangers?A Mini Meta-analysis of Predicted Fears and Actual Experiences Talking to a Stranger' .Self and Identity, 20(1),47–71.
31. Sandstrom (2021) 'Why Do People Avoid'.
32. Mannix, K. (2021) Listen:How to Find the Words for Tender Conversations.London:William Collins.
33. Shafak, E. (2020) How to Stay Sane in an Age of Division.London:Wellcome Collection.
34. Tamir, D.I. et al. (2016) 'Reading Fiction and Reading Minds:The Role of Simulation in the Default Network' .Social Cognitive & Affective Neuroscience, 11(2), 215– 224.
35. Oatley, K. (2016) 'Fiction:Simulation of Social Worlds' .Trends in Cognitive Science 20(8), 618– 628.
36. Mar, R.A. et al. (2006) 'Bookworms Versus Nerds:Exposure to Fiction Versus Non-fiction, Divergent Associations With Social Ability, and the Simulation of Fictional Social Worlds' .J. of Research in Personality, 40(5), 694–712.
37. Mar, Bookworms Versus Nerds 2006, 694–712.
38. Oatley (2016) 'Fiction'.
39. Johnson, D.R. (2012) 'Transportation Into a Story Increases Empathy, Prosocial Behavior, and Perceptual Bias Toward Fearful Expressions' .Personality & Individual Differences, 52(2), 150– 155.
40. Bal, P.M. & Veltkamp, M. (2013) 'How Does Fiction Reading Influence Empathy?An Experimental Investigation on the Role of Emotional Transportation'.PLos One 8(1).
41. Shapiro, J. & Rucker, L. (2003) 'Can Poetry Make Better Doctors?Teaching the Humanities and Arts to Medical Students and Residents at the University of California, Irvine, College of Medicine'. Academic Medicine, 78(10), 953–957.

第7章　任何人都能成为英雄

1. The Comprehensive Guide to the Victoria and George Cross, http://www.vconline.org.uk/johnson-g-beharry-vc/4585968848. html.
2. 'Soldier Wins VC for Iraq Bravery', BBC News, 18 March 2005: http://news.bbc.co.uk/1/hi/uk/4358921.stm.
3. Matthew Croucher was widely quoted discussing his bravery, including at telegraph.co.uk/news/uknews/2445513/Royal- Marine-who-jumped-on-grenade-awarded-George-Cross.html.
4. Price, J. (2015) Heroes of Postman's Park.Stroud:The History Press,37.
5. Price (2015) Heroes, 42.
6. Price (2015) Heroes, 43.
7. Price (2015) Heroes, 88.

8. Price (2015) Heroes, 135.
9. Price (2015) Heroes, 136.
10. Haney, C. et al. (1973) 'A Study of Prisoners and Guards in a Simulated Prison'.Naval Research Review, 30.
11. Haslam, S.A. et al. (2019) 'Rethinking the Nature of Cruelty:The Role of Identity Leadership in the Stanford Prison Experiment' .American Psychologist, 74(7), 809– 822.
12. Sword, R.K.M. & Zimbardo, P.'We Need to Embrace Heroic Imagination', Psychology Today, 30 March 2021: https://www. psychologytoday.com/ie/blog/the-time-cure/202103/we-need- embrace-heroic-imagination.
13. Franco, Z.E. et al. (2018) 'Heroism Research:A Review of Theories, Methods, Challenges, and Trends'. J. of Humanistic Psychology, 58(4), 382–396.For the roots of Zimbardo's work on heroism see also Zimbardo, P. (2007) The Lucifer Effect:How Good People Turn Evil.London:Rider Books.
14. Kinsella, E.L. et al. (2015) 'Zeroing in on Heroes:A Prototype Analysis of Hero Features' .J. of Personality & Social Psych, 108(1),114– 127.
15. Hock, R.R. (2002) Forty Studies That Changed Psychology.New Jersey:Prentice Hall.294
16. Franco, Z.E. et al. (2011) 'Heroism:A Conceptual Analysis and Differentiation between Heroic Action and Altruism' .Review of General Psych, 15(2), 99– 113.
17. Gallagher, J.'Oxford Vaccine:How Did They Make It So Quickly?', BBC News, 23 November 2020: https://www.bbc.co.uk/news/ health- 55041371.
18. Smith, S.F. et al. (2013) 'Are Psychopaths and Heroes Twigs off the Same Branch?Evidence From College, Community, and Presidential Samples' .J. of Research in Personality, 47(5), 634–646.
19. Levine, M. et al. (2005) 'Identity and Emergency Intervention:How Social Group Membership and Inclusiveness of Group Boundaries Shape Helping Behavior' .Personality & Social Psych Bulletin, 31(4),443– 453.
20. Drury, J. et al. (2009) 'The Nature of Collective Resilience:Survivor. Reactions to the 2005 London Bombings' .InternationalJournal of Mass Emergencies and Disasters, 27, 66–95.
21. Gornall, S.'Skiing by Braille', Ski Magazine, 16 September 2009: https://www.skimag.com/adventure/skiing-by-braille-0/.
22. Liebst, L.S. et al. (2021) 'Cross-national CCTV Footage Shows Low Victimization Risk for Bystander Interveners in Public Conflicts' .Psych of Violence, 11(1), 11– 18.
23. Takooshian, H. (1983) 'Getting Involved – The Safe Way'.Social Action and the Law, 9(2).
24. Takooshian, H. & Barsumyan, S.E. (1992) 'Bystander Behaviour, Street Crime and the Law'.In Levin, B.I.(Ed.)Studies in Deviance.Moscow:Institute for Sociology.

第8章　记得善待自己

1. Gilbert, P. (2011) 'Fears of Compassion:Development of Three Self-report Measures' .Psych and Psychotherapy: theory, research and practice, 84, 239– 255.
2. Longe, O. et al. (2010) 'Having a Word With Yourself:Neural Correlates of Self-criticism and Self-reassurance' .NeuroImage, 49, 1849– 1856.
3. Kirby, J.N. et al. (2019) 'The "Flow" of Compassion: A Meta- analysis of the Fears of Compassion Scales and Psychological Functioning' .Clinical Psych Review, 70, 26– 39.

4. Gilbert (2011) 'Fears of Compassion'.
5. Gilbert (2011) 'Fears of Compassion'.
6. MacBeth, A. & Gumley, A. (2012) 'Exploring Compassion:A Meta-analysis of the Association Between Self-compassion and Psychopathology'.Clinical Psych Review, 32(6), 545– 52.
7. Various studies cited in Neff, K.D. & Germer, C.K. (2013) 'A. Pilot Study and Randomized Controlled Trail of the Mindful Self-compassion Program' .J. of Clinical Psych, 69(1), 28–44.
8. López, A. et al. (2018) 'Compassion for Others and Self- Compassion: Levels, Correlates, and Relationship With Psychological Well-being' .Mindfulness, 9(1), 325– 331.
9. Matos, M. et al. (2021) 'Fears of Compassion Magnify the Harmful Effects of Threat of COVID- 19 on Mental Health and Social Safeness Across 21 Countries' .Clinical Psych & Psychotherapy, 28(6),1317– 1333.
10. Matos, M. et al. (2022) 'Compassion Protects Mental Health and Social Safeness During the COVID-19 Pandemic Across 21 Countries' .Mindfulness, 1– 18.Advance online publication.
11. Neff, K.D. (2003) 'The Development and Validation of a Scale to Measure Self-Compassion'.Self and Identity, 2, 223– 250.
12. Marshall, S.L. et al. (2020) 'Is Self-Compassion Selfish?The Development of Self-Compassion, Empathy, and Prosocial Behavior in Adolescence' .J. of Research on Adolescence, 30 Suppl 2,472– 484.
13. See Marshall (2020) 'Is Self-Compassion Selfish?' for a lovely summary of all of these studies.
14. Neff (2003) 'Development and Validation'.
15. Leary, M.R. et al. (2007) 'Self-Compassion and Reactions To Unpleasant Self-relevant Events:The Implications of Treating Oneself Kindly' .J. of Personality and Social Psych, 92(5), 887–904.
16. Wohl, M.J.A et al. (2010) 'I Forgive Myself, Now I Can Study:How Self-Forgiveness for Procrastinating Can Reduce Future Procrastination'.Personality and Individual Differences, 48(7), 803– 808.
17. Nelson, S.K. et al. (2016) 'Do Unto Others or Treat Yourself?The Effects of Prosocial and Self-Focused Behavior on Psychological Flourishing' .Emotion, 16(6), 850–861.
18. You can see a film I made about virtual reality avatars for the BBC here, 19 November 2014: https://www.bbc.co.uk/news/av/ health-30117385.
19. Falconer, C. et al. (2016) 'Embodying Self-Compassion Within Virtual Reality and Its Effects on Patients With Depression'.British J. of Psychiatry Open, 2(1), 74– 80.
20. Leary et al. (2008) 'Self-compassion'.
21. Neff, K.D. & Germer, C.K. (2013) 'A Pilot Study and Randomized Controlled Trail of the Mindful Self-Compassion Program' .J. of Clinical Psych, 69(1), 28–44.
22. Germer, C. (2009) The Mindful Path to Self-Compassion.New York:Guilford Press.

第9章 善良的诀窍

1. Otake K. et al. (2006) 'Happy People Become Happier Through Kindness: A Counting Kindnesses Intervention'.Journal of Happiness Studies, 7, 361–75.
2. Sturm V E. et al. (2020) 'Big Smile, Small Self:Awe Walks Promote Prosocial Positive Emotions in Older Adults' .Emotion.Advance online publication.

图书在版编目（CIP）数据

善意的魔力 /（英）克劳迪娅·哈蒙德
(Claudia Hammond) 著；李泽涓，李玉平译. -- 北京：
中央编译出版社，2024.10. -- ISBN 978-7-5117-4764
-8

Ⅰ. B82-49

中国国家版本馆 CIP 数据核字第 2024VT0679 号

THE KEYS TO KINDNESS © Claudia Hammond, 2024
Copyright licensed by Canongate Books Ltd.
arranged with Andrew Nurnberg Associates International Limited
图字号：01-2024-1351

善意的魔力

SHANYI DE MOLI

总 策 划	李 娟
责任编辑	苗永姝
执行策划	邓佩佩
装帧设计	潘振宇
责任印制	李 颖
出版发行	中央编译出版社
地 址	北京市海淀区北四环西路 69 号（100080）
电 话	（010）55627391（总编室） （010）55627362（编辑室）
	（010）55627320（发行部） （010）55627377（新技术部）
经 销	全国新华书店
印 刷	北京盛通印刷股份有限公司
开 本	787 毫米 × 1092 毫米 1/32
字 数	168 千字
印 张	8.125
版 次	2024 年 10 月第 1 版
印 次	2024 年 10 月第 1 次印刷
定 价	54.00 元
新浪微博	@中央编译出版社 微 信：中央编译出版社（ID：cctphome）
淘宝店铺	中央编译出版社直销部（http://shop108367160.taobao.com）（010）55627331

本社常年法律顾问：北京市吴栾赵阎律师事务所律师 闫军 梁勤
凡有印装质量问题，本社负责调换，电话：（010）55626985

人啊，认识你自己！